1週間で

ブロックチェーン

の基礎が学べる本

明松 真司 著
佐藤 研一朗 監修

ダウンロードの案内

本書に掲載しているソースコードはダウンロードすることができます。また、購入者限定で演習用のビットコイン（BSV）を受け取れます（本書購入時のレシートまたは領収書の画像が必要になりますのでご用意ください）。パソコンの WEB ブラウザで下記 URL にアクセスし、「●特典」の項目から入手してください。

https://book.impress.co.jp/books/1123101153

注意書き

- ●本書の内容は、2025年1月の情報に基づいています。記載した動作やサービス内容、URLなどは、予告なく変更される可能性があります。
- ●本書の内容によって生じる直接的または間接的被害について、著者ならびに弊社では一切の責任を負いかねます。
- ●本書中の社名、製品・サービス名などは、一般に各社の商標、または登録商標です。本文中に ©、®、™ は表示していません。

学習を始める前に

はじめに

本書は、これからブロックチェーンの基礎を学ぼうとしている人のための入門書です。解説を全7章、7日分に分けて、目安として1日1章ずつ学べば、ブロックチェーンの基礎について、ひととおり理解できるようになっています。

本書のスタンス

最初に、読者の皆さんにお伝えしておかなければならないのは、本書のスタンスについてです。

ブロックチェーン、さらにビットコイン、暗号資産、Web3.0などの言葉は日々ニュースをにぎわせ、それについて学びたい初学者のための入門書が書店には数多く並んでいます。

実は、巷のブロックチェーン、ビットコイン、暗号資産、Web3.0関連の入門書にはいくつかのカテゴリがあると筆者は考えています。

- 啓蒙系（これらの技術で世界がどう変わっていくか、などを読み物的に解説している書籍）
- 投機系（暗号資産を利用して、いかに利益を得るかを解説している書籍）
- 技術系（ブロックチェーンの技術、実装について解説している書籍）

本書はこれらのカテゴリの中でも、技術系の入門書です。つまり本書では、巷を騒がすブロックチェーンという「技術」が一体どのように構成されていて、どのように日々動いて使われ続けているのかを中心に、初学者にもわかりやすく解説しています。

逆にいえば、本書では次の事項には、ほぼ触れていません。

- ブロックチェーン技術によって、この世界が今後どう変わっていくか
- 暗号資産によって利益を得る方法

3

このスタンスがズレたまま本書を読み進めると、求めているものとのギャップに戸惑う可能性があります。あらかじめ了承のうえ、本書をご利用ください。

● 「ブロックチェーン入門」は難しい！？

ブロックチェーン技術が世の中を騒がせれば騒がせるほど、ブロックチェーンについて学んでみたい人は増えていきます。しかし、率直に言えば、ブロックチェーンの技術に入門するのは、現状ではかなり難しいといって差し支えないでしょう。

理由はいくつかあります。

◉ そもそもブロックチェーンの技術は難しくてわかりにくい

まず、<u>ブロックチェーンという技術はそもそも難易度が高い</u>です。筆者も最初に学び始めたときはその複雑さに面食らったのをよく覚えています。初学者が足を踏み入れた瞬間に何が何だかわからず意欲を失ってしまうのは、残念ながらよくあることです。

さらに、「そもそも端的に言うとブロックチェーンってなんのための技術なの？」と思い立ち、調べてみると、ほぼ確実に以下の言葉が目に飛び込んできます。

「改ざん困難な分散型台帳システム」

このフレーズ自体がまず「よくわからない」でしょう。さらに掘り下げると、「早い話、みんなの通帳をみんなが見えるところに置いておき、みんなで監視して……」という（なんとなく噛み砕かれたような）説明をされ、結局あまりピンと来ずに心が折れてしまう——こうした展開もしばしば見られます。

近ごろ、AI（人工知能）が大ブームになっています。AIは「人間の代わりに面倒なことを行ってくれる」「人間では難しい予測をしてくれる」という、非常にキャッチーな説明が可能なので、とてもわかりやすいです。しかし、ブロックチェーンにはそうしたキャッチーさがすこし欠けているように思います（もちろん、ブロックチェーンも「ものすごい」技術ですが、「パッと見では」わかりにくく、説明もしにくいのです）。

◉ ちょうどよい入門書籍があまりない

もう１つの入門を妨げる要因として、<u>ちょうどよい感じの入門書籍があまりない</u>ことも挙げられます。

おそらく、ブロックチェーン技術に興味を持ち、学んでみよう！と思ったときに、まずは書籍をあたってみようという方は多いでしょう。ところが、いざ書籍を選んでみると、次のどちらかに振り切ったタイプの書籍が目に付くように感じます。

- 「技術的側面に深く踏み込まない」啓蒙系の書籍
- しっかりとプログラムを書いていくような、「難易度が高い」技術系の書籍

実際、筆者自身もこれによって勉強に相当苦労しました。インターネット上からさまざまな情報を断片的に集めてまとめたり、インターネット経由で詳しそうな人に質問したり、AI（ChatGPT）から得た情報を手がかりに手探り状態で理解を深めたりしていました。このように、ブロックチェーンに関する入門コンテンツはまだ十分に整備されているとは言えず、AIのように大流行している分野のように「迷わず入門しやすい」状況ではありません。

そこで本書は、これらの「入門しにくさ」を解消するための「ちょうどよい」入門書を作ろう！というミッションを掲げ、執筆をスタートしました。予備知識をあまり必要とせず、適度な難易度で、しかし重要な技術的側面にはしっかり踏み込む。そして座学だけでなく手も動かして、ブロックチェーンという技術を実感に変える。そんな「ちょうどよい入門」のきっかけとなる１冊を目指しました。

● 本書のゴールと学習の進め方

<u>ブロックチェーンという技術は、正直に言って難しい</u>です。筆者も、どんなに学んでもいまだに次々新たな疑問が湧いてきたり、最初に理解していたことが後になって覆されたり、本当に「一筋縄ではいかない」ものだなと日々感じています。 そこで、伝えておきたいのが、<u>本書では「難しさ」を無理に削ったり誤魔化したりせず、あくまで技術を丁寧に噛み砕いて解説している</u>点です。

「難しさ」からは逃げず、しかし読み手にとって必要以上にハードルを上げることもせず、できるかぎり平易に噛み砕いて解説する——これが本書の基本スタンスです。それでもなお、本書には複雑な技術的内容が多数登場しますが、無理なく少しずつ理解できるよう、次のような目標・構成としました。

① "ブロックチェーンの基礎" を段階的に理解する

ブロックチェーンがどういうしくみで成り立っているか、その本質的な役割とは何かを、基本的な部分から順を追って学びます。7つの章に分けて1日1章ずつ進めることで、一気に詰め込むのではなく、無理のないペースで取り組めます。

② "何となくわかった気" を排除して実感をもって理解する

本書では、文章や図解だけでなく、実際にプログラムを書いてブロックチェーンを体験するなど、手を動かして学ぶ機会を用意しています。ブロックチェーンを実際に動かしてみることで、理解が大きく深まります。理論だけではなく、実践も。「こうすれば動くんだ！」「こういう仕掛けになっているのか！」という発見をぜひ楽しんでください。

③ "わからない部分があって当然" の姿勢で、長い目で理解を深める

ブロックチェーンは、一度読んで「わかった！」と思っても、新たな疑問が後から湧いてくることが多い技術です。だからこそ、「一度で全部マスターしよう」と肩ひじ張らず、本書をまず一周読んでみて、しばらく日常の中で考え、また復習する——といったサイクルを何度か繰り返してみることをおすすめします。ブロックチェーンは奥深い世界なので、疑問を持ち続けながら段階的に理解を固めていくほうが、結果的に長く活かせる知識になります。それこそ、1周目はざっくり流し読みでもよいかもしれません。

また、本書では、「ビットコイン」の基幹システムであるブロックチェーン、すなわち、「元祖」ともいえるブロックチェーン技術について解説しています。ビットコインのブロックチェーンは、暗号資産全体の基盤となる技術の最初の実装例なので、そのしくみを理解することで、ほかの暗号資産に関連するブロックチェーン技術を学ぶ際にも役立ちます。複雑に思える暗号資産の世界も、この「元祖」のしくみを押さえることで、よりスムーズに理解を深めることができるでしょう。

本書の執筆にあたっては、円ポイント株式会社 代表取締役 佐藤研一朗さんに監修をお願いしました。円ポイント株式会社は最先端のブロックチェーン技術や、ブロックチェーンを活用したコンテンツ開発・プロモーションなどを積極的に行っている仙台の会社で、まさに業界の第一人者と言えます。佐藤さんの監修のおかげで、本書の深みと正確性は格段に高まりました。

学習を始める前に

本書の構成

本書は全 7 章で構成されています。各章の主なテーマを紹介しましょう。

◉ 1日目：ビットコインとブロックチェーン
- ブロックチェーンの概要、歴史的背景とビットコインとの関わりを解説
- 世界的な注目度や特徴をざっと把握する

◉ 2日目：ブロックチェーンの全体像
- ブロックチェーンに含まれる技術を大まかに理解する
- ブロックチェーンの基礎要素となるハッシュ関数についても解説

◉ 3日目：マイニングとブロック
- ブロックを生成し、チェーンに追加するマイニングの実際
- **Proof of Work** や半減期など、ビットコイン関連の重要キーワードを解説

◉ 4日目：ビットコインアドレスとトランザクション
- 「ビットコインアドレス」を実際に作る流れを説明
- ビットコインの移転を示すトランザクションの構造や **UTXO** を掘り下げる
- なりすましや改ざんを防ぐ電子署名についても解説

◉ 5日目：ビットコインの送受信をしてみよう（プログラム演習）
- 実際にプログラムを使ってビットコインの送受信を体験する
- ブロックチェーンを実際に見るためのサービス「**WhatsOnChain**」の使い方も紹介

◉ 6日目：トランザクションスクリプト（プログラム演習）
- ビットコインのトランザクションで使われる「トランザクションスクリプト」について解説
- 主要なスクリプト（**P2PK**、**P2PKH** など）を学び、プログラムで検証する

◉ 7日目：NFT（プログラム演習）
- NFT（**Non-Fungible Token**）の概要と歴史を概観
- 簡単な **NFT** 発行の流れをプログラムを使って体験してみる

このように、**1日目～4日目は座学的な内容で、5日目～7日目ではプログラム演習を行います**。前半で知識の土台を固め、後半で実際にコードを動かすことで、ブロックチェーンへの理解をさらに深められる構成です。特にプログラム演習パートは、最初は不安かもしれませんが、安心してください。難しい部分はできる限り丁寧に解説しています。わからない箇所があっても「まずは動かしてみる」気持ちで、体験してみてください。また、読者サポートサイトからは本書で用いられているプログラムをダウンロードし、そのまま手軽に実行できるので、ぜひ活用ください。

また、本書の付録では、「数学が苦手」「数式を見ると尻込みする」という理由であまり解説されない一方、ブロックチェーンでは極めて重要な**楕円曲線暗号（ECC）**と**楕円曲線電子署名アルゴリズム（ECDSA）**について、「あえて数式から目を背けずに」取り上げています。やや難しく感じるかもしれませんが、ブロックチェーン技術を数学的に理解できる機会なので、自信のある方はぜひ挑戦してみてください。

● 焦らず、でも骨太に学ぼう

複雑な技術についてわかりやすい解説をするときには、どうしてもある程度の「単純化」や「抽象化」が必要になります。とはいえ、それをやりすぎると本質が見えなくなり、後から学び直すときに混乱を招きかねません。そこで本書では、「一度にすべてを詰め込みすぎず、必要な部分を丁寧に」「大事なところはなるべく嘘や誤解を含めずに伝える」方針を大切にしています。結果として少し情報量が多めに感じる箇所もあるかもしれませんが、**焦らず読み進めることで、「正しい基礎力」が身につくはず**です。

ブロックチェーンは、学べば学ぶほど奥の深さやその凄さが実感できる、非常に面白い技術です。さらにそれがこれからの世界の「鍵」を握る重要技術であると考えれば、なんともワクワクしてきませんか？

ぜひ一緒に、ブロックチェーンの世界を旅しましょう。そして、楽しみましょう。

最後に、本書の執筆にあたってアドバイスをいただいたマルカリヤンフィリップさん、佐藤陽亮さん、佐藤駿さん、そして執筆の遅れを手厚くカバーしてくださった執筆チームのみなさん、毎夜ブロックチェーンについて語りながらカウンターで執筆をさせてくれた北原盛雄さん（呑み処 盛ふく）に、心より感謝を申し上げます。

本書の使い方

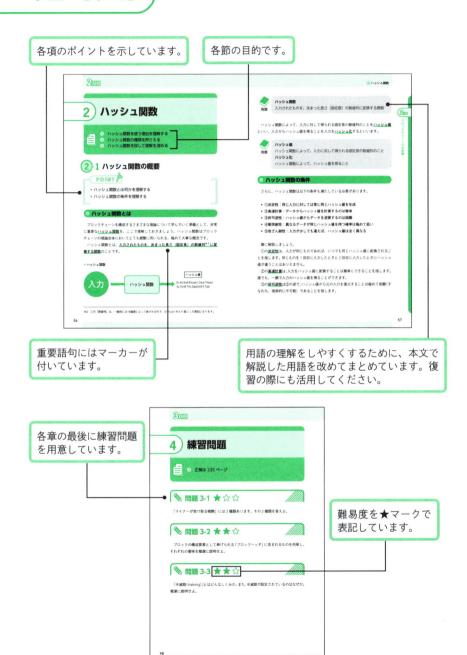

各項のポイントを示しています。

各節の目的です。

重要語句にはマーカーが付いています。

用語の理解をしやすくするために、本文で解説した用語を改めてまとめています。復習の際にも活用してください。

各章の最後に練習問題を用意しています。

難易度を★マークで表記しています。

目次

注意書き	2
学習を始める前に	3
本書の使い方	9
目次	10

1日目　ビットコインとブロックチェーン　13

1. ブロックチェーンとは何か	14
ブロックチェーンのはじまり	14
ブロックチェーンのしくみ	21
2. 過去のトランザクションの閲覧	29
トランザクションを確認する方法	29
3. ビットコインの価値	37
ビットコインの価値とは	37
ブロックチェーンの応用事例	40
4. 練習問題	44

2日目　ブロックチェーンの全体像　45

1. ビットコインのブロックチェーンのしくみ	46
ビットコインのブロックチェーン	46
2. ハッシュ関数	56
ハッシュ関数の概要	56
ハッシュ関数の種類	60
ハッシュ関数を試してみよう	63
3. 練習問題	66

目次

3日目 マイニングとブロック　67

1. マイニング ………………………………………68
　マイニングの流れ ……………………………………68
2. ブロック …………………………………………74
　ブロックの詳細 ………………………………………74
3. ブロックチェーンの改ざん困難性 …………90
　ブロックチェーンが改ざん困難な理由 …………90
4. 練習問題 …………………………………………98

4日目 ビットコインアドレスとトランザクション　99

1. ビットコインアドレス ………………………100
　秘密鍵と公開鍵 ……………………………………100
　具体的なアドレス作成手順 ………………………104
2. トランザクション ……………………………109
　トランザクションの構造 …………………………109
　UTXO（Unspent Transaction Output）……113
　トランザクションに含まれる情報 ………………119
3. 電子署名 ………………………………………120
　電子署名のしくみ …………………………………120
4. トランザクションスクリプトの概要 ……128
　トランザクションスクリプトとは ………………128
5. 練習問題 ………………………………………131

5日目 ビットコインの送受信をしてみよう　133

1. ビットコインの送信と受信 …………………134
　ビットコイン送受信の全体像 ……………………134
　Bitcoin SV（BSV）とは …………………………135
2. BSV の送受信を行う準備 …………………140
　BSV の送受信に必要な準備 ………………………140
3. BSV の送受信を試してみよう ……………151
　HandCash から py-sdk への送金 ………………151
　py-sdk から HandCash への送金 ………………160
4. 練習問題 ………………………………………170

11

6日目 トランザクションスクリプト　171

1. トランザクションスクリプトの解析················172
　トランザクションスクリプトの復習················172
　トランザクションスクリプトの照合················174
2. スクリプトを py-sdk で検証する················187
　簡単なスクリプトで検証················187
　P2PK でのスクリプト検証················192
3. 練習問題················198

7日目 NFT　199

1. NFT の基本················200
　NFT とは················200
　NFT の活用················205
　NFT の歴史················207
2. 実際に NFT を公開する················214
　NFT 公開チュートリアルの全体像················214
　① テキストデータの公開················215
　② 画像データの公開················222
3. 練習問題················228

練習問題の解答················229
付録················251
索引················268
著者・監修プロフィール················271

1日目

ビットコインとブロックチェーン

① ブロックチェーンとは何か
② 過去のトランザクションの閲覧
③ ビットコインの価値
④ 練習問題

ブロックチェーンとは何か

- ブロックチェーン技術の起源を理解する
- ビットコインとブロックチェーンの関係を学ぶ
- ブロックチェーン技術が注目される背景を知る

　さっそく、ブロックチェーンについて学んでいきましょう、といいたいところですが、結論からいうと、<u>ブロックチェーンというしくみを網羅的に理解することは正直大変</u>です。しくみを少し掘り下げただけでも結構複雑にできていますし、そもそもなぜブロックチェーンというしくみが必要で、こんなにも注目されているのか？という点を理解するには、ブロックチェーンが考案されるに至るまでの歴史的背景などをある程度知っている必要があります。本書では、そのような歴史的な部分からじっくり解説することで、<u>ブロックチェーンに「納得感」を持ってもらうことを最大の目標にしている</u>ので、まずはそこから始めていきましょう。

1-1 ブロックチェーンのはじまり

- ブロックチェーンが生まれた背景を理解する
- 中央集権システムと非中央集権システムを理解する

ブロックチェーンが生まれた背景

　<u>ブロックチェーン</u>と呼ばれる技術は、90年代の初めに、ベル研究所の研究者のスチュアート・ハーバーとW・スコット・ストーネッタを中心に、情報の改ざんを防止するタイムスタンプの技術として開発されました。この技術はビットコインが生まれるまで広く認知されることはありませんでしたが、2008年にSatoshi Nakamoto

という謎の人物（あるいはグループ？）が「Bitcoin: A Peer-to-Peer Electronic Cash System」という論文を発表し、そこで基幹技術として採用されたことで、一気にその知名度は増しました。

ビットコインが受け入れられた当時の時代背景として、既存の金融システムへの不信感がありました。2008年の世界金融危機（リーマンショック）により、中央集権的な金融機関の脆弱性が露呈され、新たな信頼のシステムが求められていたのです。

中央集権システム

ブロックチェーンについて理解するためには、中央集権システムについて知る必要があります。

私たちは普段、銀行でお金を預けたり引き出したり、さらに、知り合いにお金を送金したりしますね。実はこの「銀行」は、中央集権システムの代表的な例です。

中央集権システム（centralized system）とは、中央機関（central organization）が存在し、すべての取引、データ、および意思決定が一箇所（中央機関）に集中して管理されるしくみのことです。

- 中央集権システム

たとえば銀行口座を作るとき、私たちは名前や住所などのさまざまな情報を銀行に渡し、銀行がそれを管理します。銀行口座の残高も銀行が管理します。さらに、Aさんの銀行口座からBさんに送金するときも、次のように、必ず銀行がすべてを仲介します。

- 銀行がAさんの残高を確認する
- Aさんに十分な残高があれば、銀行はBさんへの送金を発出
- 銀行がAさんの口座残高をマイナス

Aさんは**銀行を信頼する**（すなわち、「この銀行はおかしなことはしないだろう」と銀行を信じる）ことにより、お金の管理において、安心や利便性を享受しています。

中央集権システム
中央機関（central organization）が存在し、すべての取引、データ、および意思決定が一箇所（中央機関）に集中して管理されるしくみ。利用者は、中央集権システムを信頼することで、安心や利便性を手に入れることが可能

　実はこの銀行の例では、二重支払いが防止できていることも重要です。**二重支払い**とは、一度どこかに送金したお金を再び別のどこかに送金してしまう（同じお金を二度使ってしまう）ことです。**銀行が中央で残高を管理しているおかげで、二重支払いが防止できています。**

● 二重支払いが防止できることが重要

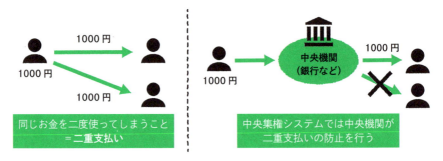

　世の中には、ほかにもまだまだ、さまざまな中央集権システムがあります。たとえば、私たちがSNSを利用する際、その運営会社にさまざまな個人情報を預け、運営会社を信頼することにより、SNSというコミュニケーションの場を利用できています。また、日本政府がマイナンバーカードによって国民のさまざまな手続きなどを一元管理しようとしていることは、私たちが行う行政手続きなどが、日本政府という「中央機関」によって、中央集権システムとして管理・運用される方向に向かっていることにほかなりません。

16

① ブロックチェーンとは何か

◉ 中央集権システムのメリットとデメリット

中央集権システムには、メリットとデメリットの両面があります。

メリットは、<u>管理が容易であること</u>、そして<u>問題発生時の対応が迅速であること</u>です。中央集権システムではすべての情報を中央機関が把握しているので、中央機関の意思決定のみでこれらが容易に、迅速に行えることになります。

一方、デメリットもあります。まず、<u>中央機関が単一障害点となるリスク</u>です。中央集権システムではすべての管理が中央機関を介して行われるため、その中央機関が停止してしまうと、システム全体が機能しなくなります。このように「一箇所がダウンすると全体がダウンしてしまう」という点を、技術的には<u>単一障害点（Single Point of Failure)</u> と呼びます。

さらに、<u>中央機関が独占的な権限を持つ問題</u>もあります。具体的には、中央機関が不正を働いたり、ルールを恣意的に変更したり、検閲を行ったりしたとしても、ユーザー側にはそれに対抗する手段がないことです。たとえば、昨今問題となった SNSにおける事例がその一例です。SNS 運営会社による恣意的な検閲や「シャドーバン」(特定のユーザーの投稿をほかのユーザーから見えなくする行為) が議論を呼びました。これは、X（Twitter）などの SNS が「中央集権システム」であることが原因で起きた問題だといえます。

このように、中央機関が不正を働く可能性や、さらに突然の倒産などによって中央機関自体が消滅してしまうリスクも、中央集権システムが抱える大きなデメリットの1 つといえるでしょう。

さらに、<u>プライバシーや透明性の懸念</u>もあります。利用者は中央機関にあらゆる取引や個人情報を知られることになってしまいますし、それらを中央機関がどう使用しているかは利用者にはわからない部分があります。

● 中央集権システムのメリットとデメリット

中央集権システム	
メリット	**デメリット**
・管理が容易であること ・問題発生時の対応が迅速であること	・中央機関が単一障害点であること ・中央機関が独占的な権限を持ってしまうこと ・プライバシーや透明性の懸念があること

非中央集権システム

　中央集権システムの欠点が露呈した最も大きな事件といえば、世界金融危機（リーマンショック）でしょう。アメリカの住宅バブル崩壊が引き金となり、大手投資銀行リーマン・ブラザーズの破綻が、世界的な金融パニックを引き起こしました。それにより、世界中の多くの金融機関が連鎖的に影響を受け、その取引先である企業の資金調達が困難になったり、失業率が上がったりという大きな問題にまで広がりました。

　これらの出来事を契機に、中央集権システムというしくみに対する疑念が人々の間で広がりました。なぜなら、リーマンショックがこれほど大きな衝撃をもたらしたのは、多くの金融機関や利用者が「リーマン・ブラザーズなら安全だろう」と無意識のうちに信じ込み、その信頼に基づいて利用を続けていたからです。そのため、いざリーマンが破綻したとき、予想外の事態に直面した多くの人々が大混乱に陥ったのです。

　特に経済面においてそれは大きく、<u>「中央集権的でないお金」</u>すなわち、<u>非中央集権システム</u>により運営される通貨を実現できないか？という機運は一気に高まりました。何者にも依存しない、「自由なお金」というアイデアです。

● 非中央集権システム

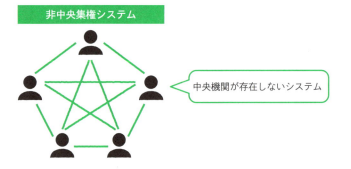

用語　非中央集権システム
中央集権システムではないシステム。すなわち、中央機関が存在しないシステムのこと

　実はこのような「自由なお金」を実現できないかという動きは、世界金融危機以前からありました。サイファーパンクと呼ばれる、暗号研究者やコンピュータ熱狂者、

リバタリアニズム（個人・経済の自由を重視する自由主義の1つの形）という自由思想を掲げる人々が、今までに何度も「誰にも管理されない、自由なデジタル通貨」を実現しようと、さまざまな挑戦を世界金融危機以前からずっとしていたのです。

　しかし、二重支払い問題がどうしても解決できず、なかなか「新しいお金のシステム」が広く受け入れられることはありませんでした。

サトシ・ナカモトにより提唱された「新たな通貨」

　そして世界に衝撃を与える1つの出来事が起こります。2008年、サトシ・ナカモトを名乗る謎の人物（もしくは、グループ）により、インターネット上にホワイトペーパー「A Peer-to-Peer Electronic Cash System」が投稿されました。このホワイトペーパーの中でサトシは、二重支払い問題を解決する新しい電子通貨のシステムを考案していますが、そのあまりにも見事なしくみに世界中が度肝を抜かれました。これこそが、現在ではブロックチェーンと呼ばれるしくみの根源です。

　なぜ世界が驚いたかといえば、サトシが、インターネット上で、ブロックチェーン技術を使って、改ざんがほぼ不可能な分散型のデジタル通貨を実現してしまったからです。サトシがホワイトペーパーの中で提案した新たな通貨は、現在ではビットコインと呼ばれ、世界中の人々によって取引され、しきりにニュースなどで大きな話題になっています。

　現在では、さまざまなブロックチェーン技術を使った暗号通貨がありますが、技術的にいうと、その多くがビットコインから派生しているといっても過言ではないでしょう。

重要 サトシ・ナカモトによるホワイトペーパー「A Peer-to-Peer Electronic Cash System」で提唱された新しい「非中央集権的な」お金がビットコイン。ビットコインのベースとなるシステムがブロックチェーンです。

　イメージをつかんでもらうためにとても簡単に説明すると、ブロックチェーンという「世界中のどこからでも見られる台帳」に、世界中のすべてのビットコインの取引が記録されます。この台帳には管理者がおらず、世界中のみんなでこれを協力して更新していきます。これにより、管理者がいないのに、透明性、安全性が高いお金が実現できています。

- ブロックチェーンの概念

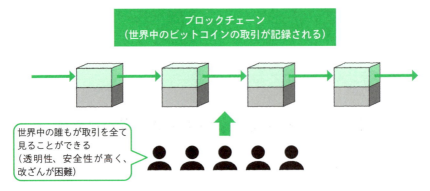

ビットコインが何かについてはこれから掘り下げていきますが、ここでは極めて簡単に、ビットコインとはどんなものなのかをまとめておきましょう。

- ①ビットコインは、誰からも管理されず、誰もが平等に使えるお金。
  ビットコインは、日本円やドルといった従来の法定通貨（国家や中央銀行によって発行され、法律で決済手段としての利用が認められている通貨）のように、中央集権システムにより管理されるものではありません。よって、中央集権システムの問題点を解決しています。

法定通貨
国家や中央銀行によって発行され、法律で決済手段としての利用が認められている通貨のこと

- ②ビットコインは、透明性と安全性を持つお金。
  ビットコインの取引はすべてブロックチェーン上に記録され、誰でも閲覧可能です。分散型台帳によって管理されているため、取引の改ざんや不正が極めて困難であり、高い信頼性を持っています。

- ③ビットコインは、世界中で自由に使えるお金。
  ビットコインは換金、両替などを行うことなく世界中で自由に使えます。また、従来の通貨は国際送金する際に各国の銀行（コルレス銀行）などを経由しなければならないので、送金時に時間がかかったり、高い手数料がかかってしまったりします。しかし、ビットコインはそれらの問題を解決する可能性があります。

1-2 ブロックチェーンのしくみ

- ビットコインとブロックチェーンのしくみを大まかに理解する

ビットコインとブロックチェーンの大まかなしくみ

これから、ビットコインとブロックチェーンのしくみについて「ざっくりと」見てみましょう[1]。

従来の中央集権システムにより管理、取引されるお金は、銀行という中央機関を経由して送金が行われます。たとえばA→Bへの送金において、中央機関は、以下のチェックを行います。

- 本当にAにはお金があるか
- 本当にAがBに送金したいのか
- 二重支払いではないか

これにより、正しい取引と、それに伴うお金の移動だけが日々行われ続けます。

- 中央集権システムの場合の送金

---

[1] ビットコインとブロックチェーンのしくみは複雑で、いくつもの技術の組み合わせにより実現されています。最初から1つひとつを順番に深く攻略していこうと考えると、ほぼ確実に、最後までいく前にドツボにはまってしまいます。そのため、ビットコインとブロックチェーンのしくみを学ぶには、まず全体像をざっくり→もう少しだけ深く掘り下げる→個々の技術を掘り下げる、という順序で、根気強くじっくりと学ぶのがコツです。本書でも、まずは全体像をざっくり把握して、その後解像度を高めていくアプローチで解説します。

一方で、ビットコインについて考えます。中央機関を経由しないビットコインでは、どのように検証が行われるのでしょうか。たとえばA→Bに送金する例を考えてみます。

- ビットコインの場合の送金

　ビットコインでは、A→Bへの送金は**トランザクション**によって実現されます。AとBをビットコインネットワークの参加者（ノード）としたときに、トランザクションとは、送金元（A）、送金先（B）、送金額（ここでは、0.1BTC[※2]とする）が書かれた、いわば取引を表す小切手のようなものだと考えてください。

ビットコインのトランザクション
送金元、送金先、送金額が書かれた、取引を表す小切手のようなもの

　まずAはトランザクションを発行し、このトランザクションを、Aが接続しているほかのビットコインネットワークのノードに内容を共有（送信）します。これをトランザクションの**ブロードキャスト**といいます。

※2　BTCは、ビットコインの通貨単位です。詳しくはP.38で解説します。

① ブロックチェーンとは何か

- トランザクションのブロードキャスト

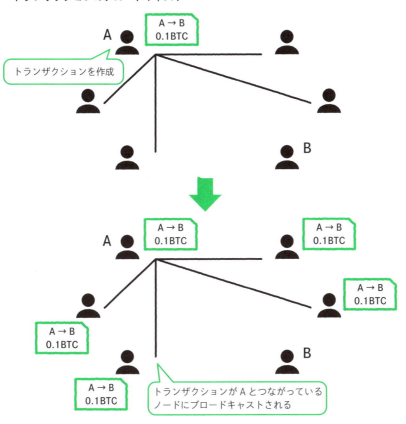

ブロードキャスト
用語　トランザクションが、ビットコインネットワークの参加者（ノード）に共有（送信）されること

　A からブロードキャストされたトランザクションを受け取ったビットコインネットワークのノードは、各自がトランザクションが正しいかをチェックします。

- 本当に A にはお金があるか
- 本当に A が B に送金したいのか
- トランザクションの形式は正しいか、などなど……

このような検証を経て、各ノードに「これは正しい取引だ」と判断されると、A→Bのトランザクションは「検証済み」のトランザクションとして、それぞれのノードが管理する <u>memプール（memory pool）</u>と呼ばれる場所にプール（蓄積）されます。

　トランザクションが mem プールに格納されると、各ノードは、このトランザクションを、自分がつながっているほかのノードに、再ブロードキャストします。こうしてA→Bのトランザクションは、ネットワーク全体に伝播されていきます。「こんな取引をしたがっている人がいるみたいだよ」と、取引の内容をみんなで回して確認するようなイメージです。

● 参加者全体でチェックが行われる

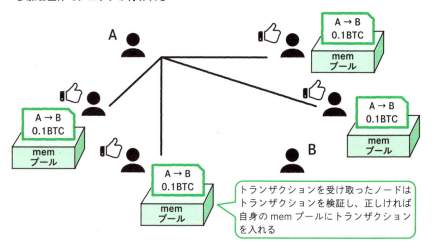

memプール（memory pool）
検証済みのトランザクションを一時的に置く場所のこと。各ノードが mem プールを持つ

取引の検証など、中央集権システムでは中央機関が一挙に担っていた役割が、ビットコインでは分散しています。

　マイナーと呼ばれる参加者（ノード）の mem プールに検証済みのトランザクションがある程度たまると、それはマイナーによってひとまとまりの<u>ブロック</u>という単位にまとめられます。再度ネットワーク全体でブロックの内容が検証されたのち、その

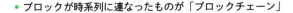

ブロックは時系列順につながったブロックチェーンに接続されます。**ブロックはトランザクション（送金履歴）の集まりで、ブロックチェーンはそれが時系列に連なったもの**です。

- ブロックが時系列に連なったものが「ブロックチェーン」

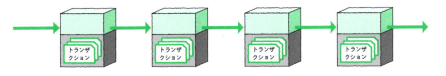

用語

ブロック
検証済みのトランザクションをひとまとまりにした単位

ブロックチェーン
ブロックが時系列に連なったもの

ビットコインが始まったときから今までのビットコインの送金履歴は、すべてブロックチェーンに記録されています。 いわば、台帳のようなものです。さらに、ブロックチェーンは世界中の誰でもその中身を見ることができ、**改ざんを行うことが事実上できないという最も重要な性質**を持っています。これにより、ビットコインの正しい送金履歴をいつでもどこからでも、誰でも見ることができ、それにより二重支払いも防止されます。なぜなら、お金を使った履歴は改ざんできない状態でブロックチェーンに記録されるので、もう一度使おうとしてもブロックチェーンに記載されている履歴と矛盾してしまうためです。これによりブロックチェーンは、**改ざん困難な分散台帳システム**とも呼ばれます。

重要

ブロックチェーンには、ビットコインが始まったときから今までのビットコインの送金履歴がすべて記録されています。また、改ざんができない性質もあるため、ブロックチェーンは、改ざん困難な分散台帳システムとも呼ばれます。

参考

厳密さを省いて、わかりやすいたとえ話をしてみましょう。今までずっと述べてきた中央集権システムと非中央集権システムは、以下のように「学校のクラスの会計」にたとえることが可能です。

中央集権システム

- クラスの会計を会計係（中央機関）にすべて任せる
- お金のやりとりは全て会計係を通す
- 同じお金を二度使わないよう、会計係がチェックする

メリット	デメリット
管理が容易、問題発生時の対応が迅速（会計係が全てを把握しているので、問題があればすぐに対応できる）	単一障害点がある（会計係が不在だと何もできない）、プライバシーの懸念（全ての取引を会計係に知られてしまう）

非中央集権システム

- 会計係がおらず、クラス全員が会計簿を共有している
- お金のやりとりを個々人が直接行い、クラス全員に報告する
- クラス全員で会計簿をチェックし、不正を防ぐ（誰かが不正をしても多数決のような原理ですぐにばれる）

メリット	デメリット
単一障害点がない（何人かが休んでも会計簿は更新され続ける）、プライバシーの向上（全ての取引を会計係に知られずに済む）	管理が複雑（会計係がいないため全員で管理する必要があり混乱する可能性がある）、意思決定に時間がかかる（みんなで相談して決めるため時間がかかる）

すなわちブロックチェーンの基本的な考え方は、クラスの会計を1人の会計係に任せるのではなく、クラス全員で会計簿を共有しておいて、お金の出し入れがあるたびに全員で確認しあうイメージです。これにより、特定の人（機関）が間違えたり、不正を行ったりしても、システム全体は正しく機能し続けることができます。

① ブロックチェーンとは何か

ブロックチェーンとあわせてよく聞くキーワード

ビットコインやブロックチェーンに関連して、インターネットやメディアでよく耳にする言葉を、いくつか簡単に紹介しておきましょう。

◉ 暗号資産（あんごうしさん）

暗号資産とは、暗号技術を使って安全に管理されるデジタルなお金や資産のことです。ビットコインやイーサリアムなどがその代表例で、インターネット上で売買や送金ができます。

◉ 仮想通貨（かそうつうか）

仮想通貨は、暗号資産とほぼ同じ意味で使われることが多い言葉です。法定通貨（P.20参照）ではなく、インターネット上だけで存在するデジタルなお金を指します。ビットコインがその代表的な例で、オンラインでの取引や投資対象として注目を集めています。なお、日本では以前は「仮想通貨」と呼ばれていましたが、法律の変更により「暗号資産」の名称が正式に使われるようになりました。

◉ イーサリアム（Ethereum）

イーサリアムは、ビットコインに次いで有名な暗号資産です。しかし、単なる通貨としてだけでなく、「スマートコントラクト」と呼ばれるしくみを備えています。これにより、分散型アプリケーション（DApps）の開発や運用が可能となり、新しいサービスが次々と生まれています。

◉ NFT（Non-Fungible Token）

NFTは「非代替性トークン」と訳され、1つひとつが固有の価値を持つデジタル資産のことです。デジタルアートや音楽、ゲーム内のアイテムなどの持ち主を、ブロックチェーン上で証明できるため、近年大きな話題となっています。これにより、デジタルコンテンツを売買したり、コレクションとして収集したりする新しい方法が生まれました。NFTについては、7日目（P.202参照）で詳細を解説します。

これらの言葉は、ブロックチェーン技術の進歩とともに日常的に目にすることも多くなり、現在進行系でさまざまな分野に大きな影響を与えています。

　なお、先ほど述べたイーサリアムなど、**暗号資産にはほかにも種類がありますが、本書はあくまでビットコイン、その技術基盤としてのブロックチェーンについて解説していきます。**

2 過去のトランザクションの閲覧

- 実際にトランザクションを確認して、ビットコインとブロックチェーンの理解を深める
- Blockchain.com でトランザクションを確認する方法を理解する

2-1 トランザクションを確認する方法

POINT

- ブロックチェーンエクスプローラが何かを理解する
- Blockchain.com でトランザクションを確認する方法を理解する
- ビットコイン・ピザ・トランザクションが何かを理解する

● Blockchain.com とは

<u>ブロックチェーンには、ビットコインが始まってから今までのすべてのトランザクションが記録されています。</u>記録されているすべてのトランザクションには ID が振られていて、ID を手がかりに、特定のトランザクションの内容を自由に見ることができます。ここでは、いくつかの有名なトランザクションの内容を <u>Blockchain.com</u> の Explorer を使って見てみましょう。Blockchain.com とは、ビットコインのブロックチェーン（過去のすべての取引履歴）を見られる Web サイトであり、<u>ブロックチェーンエクスプローラ</u>とも呼ばれます。

> **用語　Blockchain.com**
> ビットコインのブロックチェーン（過去のすべての取引履歴）を見られる Web サイト

1日目

Blockchain.com でトランザクションを閲覧する手順

さっそく Blockchain.com で、トランザクションの内容を見てみましょう。

◉ 閲覧するトランザクション

ここでは、以下の ID に対応するトランザクションの内容を閲覧します。

- ① 0627052b6f28912f2703066a912ea577f2ce4da4caa5a5fbd8a57286c345c2f2
- ②「Satoshi → Hal Finny のトランザクション」
  F4184fc596403b9d638783cf57adfe4c75c605f6356fbc91338530e9831e9e16
- ③「Bitcoin Pizza transaction」
  a1075db55d416d3ca199f55b6084e2115b9345e16c5cf302fc80e9d5fbf5d48d

◉ Blockchain.comで過去のトランザクションを表示する

まずは、Web ブラウザで Blockchain.com にアクセスし、[Explorer] をクリックします。

- Blockchain.com
  https://www.blockchain.com/

なお、Blockchain.com を表示した際に以下のような、Cookie の利用許諾の画面が表示された場合は、[Allow all] をクリックしておいてください。

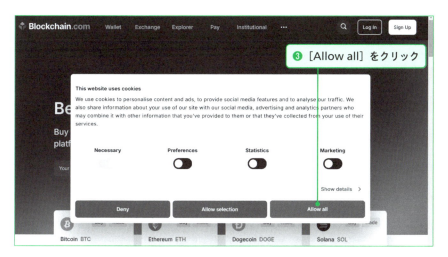

画面上部にある入力フィールドにトランザクション ID を入力し、BTC のトランザクションをクリックします。

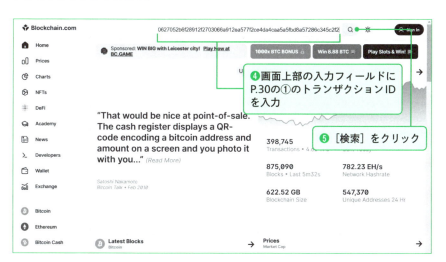

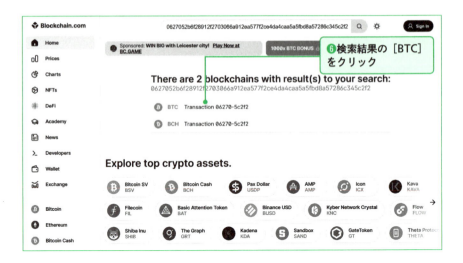

● 過去のトランザクションの詳細を閲覧する

　これで、トランザクションの中身を見ることができます。ここで見るのは、P.30で示した①のトランザクションです。非常にさまざまな情報が含まれていますが、現段階では送金者と受信者の情報と、このトランザクションが含まれるブロックの番号（Block ID）、日付あたりを見ておけばよいでしょう。送金者と受信者の情報は、画面をスクロールしていくと見つかるはずです。

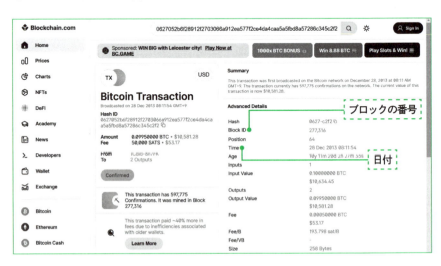

② 過去のトランザクションの閲覧

　送金者と受信者の情報に着目すると、送金者と受信者は氏名ではなく、アルファベットと数字が並んだ文字列で表されていることがわかります。これを**ビットコインアドレス**と呼びます。ビットコインアドレスは、銀行の口座番号のようなものだと考えてください。ただし、ビットコインアドレスからその持ち主の個人を特定することは一般には困難であるため、これにより「取引自体は世界中どこからでも参照できるが、その取引を行っているのがはっきりと誰なのかはわからない」という形で、個人のプライバシーが守られています[※3]。

● Satoshi →Hal Finnyのトランザクションを閲覧する

　先ほどと同様の手順で、P.30の②のトランザクションについても見てみましょう。②のトランザクションは、サトシ・ナカモトからハル・フィニーへの送金履歴です。Blockchain.comで検索して、送金者と受信者の情報を確認してみましょう。

※3　これは同時に、マネーロンダリング（資金洗浄）や、犯罪性のある売買による資金の移動にビットコインが使われた場合に、その取引の当事者が誰なのか特定するのが困難であるというデメリットにも直結しています。

　このトランザクションではアドレスではなく、「Satoshi 2」と名前が表示されています。これは、Blockchain.com によりアドレスに名前が紐づけされているため、このように表示されています。

● ビットコイン・ピザ・トランザクションを閲覧する

　同じ手順で、P.30の③のトランザクションも見てみましょう。これは、ビットコイン・ピザ・トランザクション（Bitcoin Pizza transaction）と呼ばれるトランザクションで、とても有名です。本トランザクションも、Blockchain.com で検索して、送金者と受信者の情報を確認してみましょう。

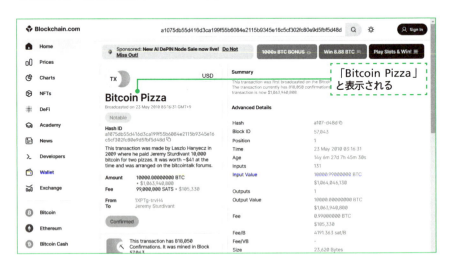

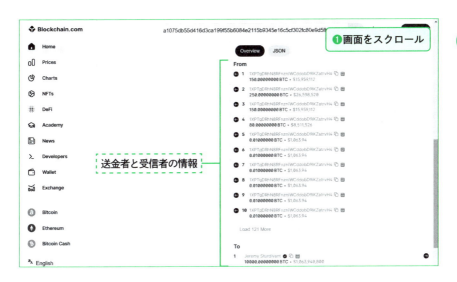

　詳しくは後述しますが、ビットコインのシステムが開始された当初は、ビットコインにはほぼ価値がありませんでした。しかし、そこからビットコインが徐々に話題になり、所有者も増え、さらに話題になり……という世の中の流れにより、ビットコインには需要が生まれていきます。そして、**その需要がそのままビットコインの価値となっていきます。**

　このトランザクションは、間接的にではありますが、ビットコインが2枚のピザと交換された、すなわち、**初めて価値を持った歴史的なものとして認識されています。**このトランザクションが行われた5/22は、ビットコイン・ピザ・デイ[4]と呼ばれ、有名です。

※4　Blockchain.comのtimeの欄には「23 May 2010 03:16:31」と書かれているのに、ビットコイン・ピザ・デイは5/22で、1日ずれている？と思う読者もいるかと思います。このズレは、おそらくタイムゾーンの違いによるものでしょう。Bitcoin Pizza Dayはおそらくアメリカの時間帯（EST/EDT）を基準にしています。一方、ブロックチェーンのタイムスタンプはUTC（協定世界時）を使用しています。UTCは東部時間より4-5時間進んでいるため、22日の夜遅くに行われた取引が、UTCでは23日の早朝になることがあります。

ビットコイン・ピザ・トランザクションについてもう少し説明をしておきましょう。2010年5月18日、プログラマーのラズロ・ハニェッツはビットコイントークというフォーラムに、次のような投稿をしました。

"I'll pay 10,000 bitcoins for a couple of pizzas … like maybe 2 large ones so I have some left over for the next day"

これを直訳すると、「2枚のピザのために1万ビットコイン払います…たぶん大きいサイズ2枚くらいで、翌日の分も残るくらいがいいです」になります。

当時、ビットコインはまだ新しい概念で、ほとんど価値がありませんでした。1万ビットコインは、当時のレートで約41ドル相当でした。ハニェッツの投稿は、ビットコインが実際の商品やサービスと交換できるかどうかを試す実験的な提案でした。この提案に応じたのが、イギリスに住む19歳のプログラマー、ジェレミー・スターディバントでした。彼は、アメリカのピザチェーン店「パパ・ジョンズ」に電話をかけ、ハニェッツの住所宛てにピザ2枚を注文しました。そして、スターディバントは25ドルでピザを購入し、ハニェッツから1万ビットコインを受け取りました。2010年5月22日、ハニェッツはついにピザを受け取りました。彼はフォーラムに「やったぞ！」というタイトルで投稿し、ピザの写真を添えて「やりました。10,000 BTCで2枚のピザを食べています。ありがとうjercos!（jercosはスターディバントの通称）」と報告しました。

この取引が、ビットコイン・ピザ・トランザクションとして知られるものです。

皮肉なことに、ハニェッツが支払った1万ビットコインは、その後ビットコインの価値が急騰したことで、途方もない価値を持つことになります。2025年1月29日時点では、約1592億円以上の価値があります。世界一高額なピザとして、ギネス世界記録にも認定されています。

3 ビットコインの価値

- ビットコインの価値が決まるしくみと変遷を理解する
- ブロックチェーンの応用事例を理解する

3-1 ビットコインの価値とは

POINT
- ビットコインの価値が決まるしくみを理解する
- ビットコインの単位を理解する

● ビットコインの価値が決まるしくみ

ビットコインの価値は、最初こそほとんどありませんでしたが、**徐々に上がっていき現在も日々変動しています。**実は、ビットコインの価値の決定メカニズムは、私たちが普段目にするほかの商品や通貨とそれほど変わりありません。

ビットコインの価値は、主に需要と供給のバランスによって決まります。これは、経済学の基本原理の1つです。

- 需要：ビットコインを買いたい、所有したいと思う人々の総量
- 供給：市場で売られているビットコインの総量

需要が供給を上回れば価格は上昇し、供給が需要を上回れば価格は下落します。そして、ビットコインはたとえば次のような理由により、需要が瞬く間に上昇し、現在の価格に至っています。

1日目

- ビットコインの希少性
  ビットコインは、全部で2100万枚（BTC）しか発行されません。この希少性により需要が高まりました。
- 技術の進歩と実用性
  ビットコイン、ブロックチェーンの技術が発展し、有用な決済手段として認識されたことにより、需要が高まりました。
- 資産としての認識
  資産家たちがビットコインを「資産」として認識するようになり、それを求める人が増えることで需要が高まりました。
- メディア報道などによる知名度向上
  メディアでの報道や著名人の発言などにより、ビットコインの知名度が高まり、需要が高まりました。

この「需給バランス」の単純な原理が、ビットコインの価格変動の基本となっています。

ビットコインの基本単位である「BTC」

ビットコインの基本単位はBTCです。2025年1月29日時点では、1BTCは約1592万円と非常に高額です。このため、日常的な取引や小額の支払いには不向きな単位となっています。

重要　ビットコインの基本単位は「BTC」です。1BTCは2025年1月29日時点では1592万円と非常に高額です。

● Satoshi（サトシ）

BTCという単位では細かい金額を扱いづらいため、より小さな単位が必要となります。そこで使用されるのがSatoshi（サトシ）です。

- 1 Satoshi = 0.00000001 BTC（1BTCの1億分の1）
- 1 BTC = 100,000,000 Satoshi

なお、Satoshiは、ビットコインの考案者であるサトシ・ナカモトにちなんで名付けられました。

重要: BTCより小さな単位が「Satoshi」です。Satoshiは「Sat」と略されることもあります。たとえば、「100 Sat」は「100 Satoshi」と同じ意味です。

ビットコインの価値の変遷

ビットコインの価値の歴史は、成長と変動の連続でした。ビットコインの価値の変遷について見てみましょう。

● 初期（2009年～2010年）

ビットコインが誕生した2009年、その価値はほぼゼロでした。当時、ビットコインは主に技術愛好家やサイファーパンク（暗号技術を使って社会変革を目指す人々）の間でやりとりされていただけです。2010年5月22日、前述のビットコイン・ピザ・トランザクションが行われました。このとき、10,000BTCが2枚のピザと交換されましたが、これは約41ドルに相当しました。つまり、1BTCの価値は約0.4セントでした。

● 成長期（2011年～2013年）

2011年、1BTCは初めて1ドルの価値を超えました。その後、徐々に注目を集め始め、2013年11月には初めて1,000ドルの大台を突破しました。この急激な上昇は、中国での取引増加や、キプロス金融危機による「安全資産」としての需要増加などが要因といわれています。

● 停滞期（2014年～2016年）

2014年、大手取引所[※5]Mt.Goxの破綻などにより、ビットコインの価格は大幅に下落し、その後しばらくは比較的安定した状態が続きました。この期間、1BTCの価値は主に200ドルから800ドルの間で推移しました。

[※5] 「取引所」とは、ビットコインなどの暗号資産を売買するための機関のことです。通常、ビットコインを手に入れるためには、他人から送金をしてもらうか、マイニングと呼ばれる方法で自ら手に入れるしかありませんが、ビットコインを送金してくれる知人がいるとは限りませんし、マイニングは非常に難易度が高いです。そこで、取引所という機関を利用すれば、日本円やドルなどの法定通貨と引き換えに、誰でもビットコインを手に入れることができます。

◉ 爆発的成長期（2017年）

2017年、ビットコインは驚異的な成長を遂げます。年初には1,000ドル程度だった価格が、年末には20,000ドル近くまで上昇しました。この急騰は、機関投資家の参入や、ビットコイン先物取引の開始などが要因とされています。

◉ 調整期（2018年～2020年）

2017年末のピークのあと、ビットコインの価格は大幅に下落し、2018年末には3,200ドル程度まで下がりました。その後、徐々に回復し、2020年末には約29,000ドルまで上昇しました。

◉ 新たな成長期（2021年～現在）

2021年、ビットコインは再び急激な上昇を見せ、4月には過去最高値となる64,000ドル以上を記録しました。その後、中国の規制強化などにより一時的に下落しましたが、10月には再び過去最高値を更新し、69,000ドル近くまで上昇しました。

2022年以降は、世界的な金融引き締めや暗号資産業界のさまざまな問題により下落傾向が続いていましたが、2024年にかけてさらに急激に価値は上昇し、2024年3月5日には1BTCが1,000万円を突破、3月14日には1,080万円を記録しました。その後も上昇と下落を繰り返し、執筆時点（2025年1月29日時点）では1592万円付近を推移しています。

3-2 ブロックチェーンの応用事例

- ブロックチェーンの応用事例を理解する

● さまざまな応用事例

ビットコインとブロックチェーンがこれほどまでに広く認知された背景には、これまでにない革新的な特徴がブロックチェーンに備わっている点があります。前述のとおり、従来の通貨システムでは、銀行などの中央機関が取引を管理し、信頼性を担保していました。しかしブロックチェーンでは、取引記録を多数のコンピューターで共

有し、相互に検証することで、特定の管理者に依存せずとも信頼性の高いシステムを実現しました。

この分散型のしくみにより、取引記録の改ざんが事実上不可能となり、高い透明性と安全性が確保されます。さらに、国境を越えた送金が低コストで可能となり、従来の金融システムでは十分なサービスを受けられなかった人々にも、新たな経済活動の機会をもたらしました。このような特徴が評価され、ブロックチェーン技術は金融取引だけでなく、契約の自動化、製品の流通管理、著作権の保護など、さまざまな分野での活用が進んでいます。デジタル社会における「信頼性の確保」という普遍的な課題に対する画期的な解決策としてブロックチェーンが、その最たる実例としてビットコインが、広く認知されているのです。

ここでは、ブロックチェーンの具体的な応用事例をいくつか紹介します。

◉ 応用事例① サプライチェーン管理

物流や製造業において、ブロックチェーンは透明性と信頼性の向上に貢献しています。ブロックチェーンは改ざん困難な分散台帳なので、ブロックチェーンに材料や商品の移動履歴を記録しておけば、それはどこからでも参照でき、事実上改ざんができません。それによって透明性、信頼性が得られるだろう、というアイデアに基づいています。例は以下のとおりです。

- 製品のトレーサビリティ：食品や高級品の原産地から消費者までの追跡
- 偽造品対策：製品の真贋証明や、知的財産権の保護
- 在庫管理：リアルタイムでの在庫状況の把握と予測

◉ 応用事例② 環境保護や持続可能性

環境保護や持続可能な開発の分野でも、ブロックチェーンが活用されています。

- カーボンクレジット取引：温室効果ガス排出権の透明な取引と管理
- 再生可能エネルギー証書：グリーン電力の生産と消費の証明
- 持続可能な資源管理：森林保護や持続可能な漁業[6]の認証と追跡

※6　たとえばある漁業会社は、持続可能な方法で漁獲されたマグロの流通過程をブロックチェーンで管理しています。消費者はスーパーで売られているマグロのパッケージのQRコードをスキャンすることで、購入する魚の出所を簡単に確認できるようになりました。

● 応用事例③ ヘルスケア・医療

医療分野では、患者のプライバシーを保護しつつ、効率的な情報共有を実現しています。

- 医療記録管理：患者の診療履歴の安全な共有と管理
- 医薬品のサプライチェーン：偽造医薬品の流通防止と追跡
- 臨床試験データの管理：透明性の高い臨床試験結果の記録と共有

● 応用事例④ エンターテインメントとデジタルコンテンツ

コンテンツ産業においても、ブロックチェーンは新たな可能性を切り開いています。

- デジタルアートとNFT：デジタル作品の希少性と所有権の証明
- ロイヤリティ管理：音楽や映像コンテンツの使用に対する適切な報酬分配
- ゲーム内アイテム：ゲーム間で移動可能なデジタル資産の管理

具体的には、デジタルアートやゲーム内アイテム、コンテンツなどの移転の履歴をブロックチェーンに記録しておけば、それはどこからでも参照でき、事実上改ざんができません。すなわち、「誰から誰の手に」「いつ渡ったのか」が、改ざんできない形でブロックチェーンに記録されるのです。その情報で追跡を行えば、オリジナルがどこから生まれたか、そして、現在誰の手にそれがあるか、を追跡することができます。これにより、<u>従来は証明が難しい「オリジナル性」の証明が可能になるのでは？というアイデア</u>です。

重要

> NFT（Non-Fungible Token）技術により、デジタルアートや音楽、さらにはゲーム内アイテムなどに唯一性を持たせることが可能になりました。従来のデジタルコンテンツはコピーが容易で、「これがオリジナルです」と証明する術がありませんでしたが、NFTを使うとこれが実現できます。

● ブロックチェーンがイノベーションをもたらす可能性

これらの応用分野は、ブロックチェーン技術が単なるビットコインの基盤であることを超えて、社会のさまざまな分野にイノベーションをもたらす可能性を示しています。今後も技術の発展とともに、新たな応用事例が次々と登場することが期待されます。同時に、これらの新技術の導入に伴う法整備や、社会システムの適応も重要な課

題です。ブロックチェーン技術の真の価値は、技術そのものだけでなく、それをどのように社会に統合し、人々の生活を改善できるかにかかっているといえるでしょう。

<u>ブロックチェーン技術は、私たちの社会や経済のあり方を大きく変える可能性を秘めています。</u>今後の発展に注目が集まっており、さまざまな分野での活用が期待されています。近い未来には、ブロックチェーンを利用したサービスやしくみが当たり前の世界になっているかもしれません。そのため、この技術の基本的な概念を理解しておくことは、将来の社会を生きていく上で大変重要です。

参考

> 読者の中には、「(ビットコイン、または、ビットコイン以外の) 暗号資産を実際に購入してみたい！」という方もいることでしょう。SNSやテレビ番組などを見ていると、「暗号資産で億万長者に！」とか、「暗号資産で資産形成！」のような話をよく目にします。
>
> 本書はあくまでビットコイン、その技術基盤としてのブロックチェーンについての解説書なので、これらの話にはあまり踏み込みませんが、実際に暗号資産を購入してみたり、その価値がどのように上下しているのかをリアルタイムで追いかけてみたりすることは、体験としては重要です。そこで、いくつか、暗号資産を購入する上での注意点を紹介します。
>
> - ①リスク
>   暗号資産を購入する際には、そのリスクについてしっかりと理解しておく必要があります。価格は大きく変動することがあり、損失を被る可能性も十分にあります。巷で時折耳にする「必ず儲かる」話は、詐欺だと考えておいたほうが賢明です。
> - ②取引所の選び方
>   暗号資産を取引所で購入するときには、必ず金融庁に登録された正規の取引所を利用しましょう。本人確認がしっかりと行われ、セキュリティ対策が整っている取引所を選ぶことが重要です。
> - ③購入金額
>   暗号資産の購入は、必ず余裕資金の範囲内で行うようにしましょう。生活費や借入金を投資に回すことは、決して賢明ではありません。失っても生活に支障がない額に抑えることが、何より大切です。
> - ④事前の準備
>   実際に取引を始める前に、暗号資産のしくみについてある程度学習しておくことをおすすめします。各暗号資産の特徴や、市場全体の動向についても理解を深めておくと、より適切な判断ができるようになります。

4 練習問題

正解は 230 ページ

問題 1-1 ★☆☆

身近な中央集権システムの例を 1 つ挙げよ。

問題 1-2 ★☆☆

Blockchain.com の Explorer で、最新のブロック（Latest Blocks）を確認してみよ。また、最新のブロックの中には、いくつのトランザクションが含まれているかも確認してみよ。

問題 1-3 ★★☆

最近あったニュースの中で、ビットコインに関連するものを探し、その内容を確認してみよ。

2日目

ブロックチェーンの全体像

① ビットコインブロックチェーンのしくみ
② ハッシュ関数
③ 練習問題

ビットコインのブロックチェーンのしくみ

- ビットコインのブロックチェーンの全体像を俯瞰する
- ビットコインのブロックチェーンの各ステップを俯瞰する

1日目では、ビットコインという新しい通貨システムを支えるしくみがブロックチェーンであることを解説しました。このシステムは非常にさまざまな技術を巧みに組み合わせて作られており、なかなかに複雑です。

2日目からは、ビットコインの基盤であるブロックチェーンにおける全体像を、1日目よりも詳しく見てみましょう。1つひとつのしくみを「適度に」掘り下げて、ブロックチェーンに対する解像度を少しずつ上げていきます。

1-1 ビットコインのブロックチェーン

- ビットコインのブロックチェーンの全体像を把握する
- ブロックがブロックチェーンに追加されるまでの流れについて概要を押さえる

本書で解説するのは「ビットコインのブロックチェーン」

ビットコインが「新しいお金」であること、そのしくみとしてブロックチェーンが使われていることを解説してきました。ビットコインがブロックチェーンというしくみによって実現されていることは非常に革新的で、現在では世界中で注目されるようになりました。

このブロックチェーンというしくみを流用して、さまざまな暗号資産が誕生しています。現在では（ビットコインも含めた）実に多種多様な暗号資産が、それぞれのブ

ロックチェーンの上で動いています。そして、これらブロックチェーンのしくみは各々の暗号資産ごとにアレンジされ、微妙に異なっています。

本書では、**現在さまざまな暗号資産で用いられているブロックチェーンの中で最も基礎となる、ビットコインのブロックチェーンのしくみを解説**していきます。興味のある読者は、本書を通読したあとに、ほかの通貨のブロックチェーンのしくみについても調べてみると、より深い理解が得られるでしょう。

重要　ブロックチェーンのしくみは各々の暗号資産ごとにアレンジされ、通貨ごとに微妙に異なっています。本書では、ブロックチェーンの中で最も基礎となる、ビットコインのブロックチェーンのしくみを解説します。

まずは全体像を見てみよう

まずは、ビットコインのブロックチェーンのしくみをまとめた1枚のイラストを見てみましょう。

● ビットコインのブロックチェーンのしくみ

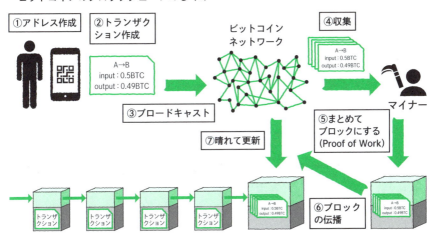

ビットコインのブロックチェーンの情報をギューギューに詰め込んだイラストですが、これだけ見ても複雑に入り組んでいて、いまいちよくわかりませんね。**長らくに渡って実現できなかった「分散型の新しいお金」を実現するには、どうしてもこのくらい**

2日目

複雑なしくみが必要ということですが、それだけ理解するのも難しいというわけです。

2日目ではまず、この図の流れを1つずつわかりやすく、丁寧に解きほぐしていきます。

なお、実際にビットコインのやりとりを行う際は、スマホやPCのアプリケーション（**ウォレットアプリ**）を使って簡単にポチポチとやりとりを行うことが一般的です。一般的に使われるウォレットアプリでは、ビットコインの内部的なしくみ（ブロックチェーン）を意識することなくビットコインのやりとりを行うことができますが、その背後ではこの図のような流れが繰り返されています。

① アドレスの作成

まずはシチュエーションとして、Aさんが持っているビットコイン（0.5BTC）をBさんへ送金したい場合を想定しましょう。Aさんが最初に行うことは、**アドレス（ビットコインアドレス）**の作成です。

- アドレス（ビットコインアドレス）の作成

①アドレス作成

アドレスとは**ビットコインの送付先を表す、いわば銀行の口座番号のようなもの**です。ビットコインのやりとりをする主体（個人や法人）はまず、自分のアドレスを決まった方法で生成します。そして、送信元（Aさん）のアドレスから送信先（Bさん）のアドレスに「これだけのビットコインを送付したいです」という情報をトランザクションとして、ビットコインの参加者のネットワークにブロードキャスト（P.22参照）します。

用語	**アドレス（ビットコインアドレス）** ビットコインの送付先を表す、銀行の口座番号のようなもの

アドレスは通常、2通りの方法で表現されます。1つ目は英数字が混ざった文字列により表現する方法、2つ目はQRコードとして表現する方法です。

- アドレスを表す2通りの方法

英数字が混ざった文字列により表現する方法	QRコードで表現する方法
1CDTJnPgmUcekL6hBX16DH8sfducSNMvzX	

　英数字が混ざった文字列により表現する方法はテキストとしてコピー＆ペーストが容易で、メッセージアプリなどで共有しやすいメリットがありますが、手動での入力ミスのリスクがあります。
　QRコードにより表現する方法は、スキャンするだけで即座に情報を読み取ることができ、手動での入力ミスがないため、**送金の際のエラーを大幅に削減できるなどのメリット**があります。ただし、カメラつきデバイスが必要であるデメリットも存在します。
　アドレスを作成するための具体的な手順や、そのしくみについては後述（P.104参照）します。

② トランザクションの作成

　次に行うことは、トランザクションを作成することです。

- トランザクションの作成

　トランザクションとは、AさんからBさんにどれだけのビットコインを送付したいか、などの情報が含まれる、小切手のようなものです。

- トランザクションとは

```
A→B
input：0.5BTC
output：0.49BTC
```

　トランザクションの詳細な内容については後述（P.109参照）します。

③ トランザクションをブロードキャスト

　次に、作成したトランザクションを、ビットコイン参加者のネットワークにブロードキャストします。

- トランザクションのブロードキャスト

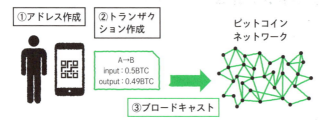

① ビットコインのブロックチェーンのしくみ

トランザクションの**インプット（input）**とは、このトランザクションに使うビットコインのことです。**アウトプット（output）**とは、実際に送信先に渡るビットコインのことです。**インプットとアウトプットの差額は、トランザクションをブロックにまとめ、それをブロックチェーンに追加してくれるマイナー（後述）への手数料となります。**

用語

トランザクションのインプット（input）
トランザクションに使うビットコインのこと
トランザクションのアウトプット（output）
実際に送信先に渡るビットコインのこと

重要

インプットとアウトプットの差額は、トランザクションをブロックにまとめ、それをブロックチェーンに追加してくれるマイナーへの手数料になります。

参加者たちはブロードキャストされてきたトランザクションについて、以下のようなことを検証します。

- トランザクションのデータ構造は正しいか？
- トランザクションは送信元から発出されたものか？
- 二重支払いされていないか？
- インプットの総額は、アウトプットの総額＋手数料 と等しいか？などなど……

検証されたトランザクションは、検証済みのトランザクションを入れておく、各ノードが持っているmemプール（memory pool。P.24参照）に格納されます。

④と⑤ マイナーが検証済みトランザクションを収集してブロックを作成

マイナー（採掘者）は、memプールに貯められた検証済みのトランザクションからトランザクションを収集し、それらをまとめてブロックを作ります。

51

- マイナーが検証済みトランザクションを収集してブロックを作成

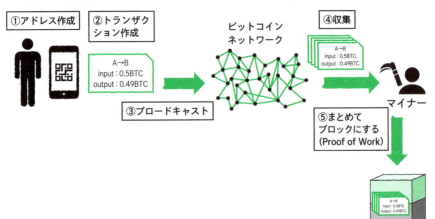

用語

マイナー（採掘者）
ブロックチェーンの参加者。トランザクションを検証する人のこと

　トランザクションをまとめてブロックを作るためには、マイナーは **Proof of Work** という非常に複雑な計算をしなければなりません。ビットコインのネットワークでは、世界中のマイナーが「Proof of Work競争」をしていて、誰が一番早くブロックを作れるかを競っています。**一番早くブロックを作ったマイナーは、晴れてビットコインの送金の歴史であるブロックチェーンに、新しいブロック（トランザクションの集まり）を追加できます。**

　ブロックをブロックチェーンに追加したマイナーには、**マイニング報酬**と、ブロックに含まれる**トランザクションの手数料の合計額**が報酬として支払われます。マイニング報酬は「新たに発行される」ビットコイン[※1]なので、これを「ビットコインを掘り出している」ことに見立てて、この一連の作業を**マイニング（mining：採掘）**、それを行う参加者を**マイナー**と呼びます。マイナーはマイニング報酬と手数料を目当てに、熾烈な計算競争を日々繰り広げています。

※1　マイニング報酬としてビットコインが「新たに発行」されることは、イメージとしては「日本銀行がお金を新たに印刷する」ようなことです。発行量の上限にほぼ達するまで、ビットコインがマイニング報酬として少しずつ新たに発行され続けることにより、世界中での流通量が少しずつ増えていきます。

> **用語**
>
> **マイニング報酬**
> ブロックをブロックチェーンに追加したマイナーに支払われる報酬の1つ
>
> **マイニング（mining：採掘）**
> 検証済みのトランザクションからトランザクションを収集し、それらをまとめてブロックを作ること

⑥ ブロックの伝播

マイナーがブロックを作ることに成功したら、そのブロックを検証してもらうために、ほかのノードにブロックの伝播を行います。

● ブロックの伝播

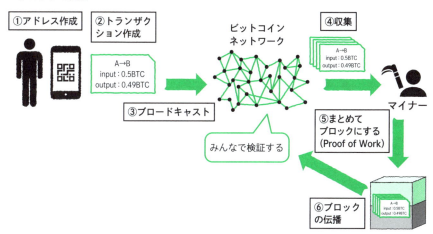

各ノードは以下のようなことを検証します。

- ブロックに含まれるトランザクションは正しいものか？
- ブロックのデータ構造は正しいか？
- 本当に Proof of Work が成功しているか？

⑦ ブロックがブロックチェーンに追加される

ブロックの検証に成功したら、そのブロックは晴れてブロックチェーンの「一番新しいブロック」として認識されます。ブロックチェーンは「ビットコインのあらゆる取引が時系列順につながった台帳」なので、**これにてビットコインの取引の歴史が更新できたということになります。**

- ブロックがブロックチェーンに追加される

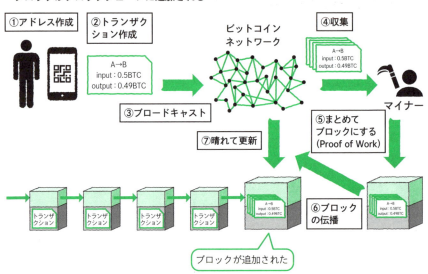

ビットコインは、この流れの繰り返しによって世界中で利用され続けています。

重要

ビットコインのブロックチェーンでは、ブロックの追加は、以下の流れで行われます。
- ①アドレスの作成
- ②トランザクションの作成
- ③トランザクションをブロードキャスト
- ④マイナーが検証済みトランザクションを収集
- ⑤ブロックを作成
- ⑥ブロックの伝播
- ⑦ブロックがブロックチェーンに追加される

① ビットコインのブロックチェーンのしくみ

参考

1日目でも述べたとおり、ビットコインには「管理者（中央機関）」がいません。しかし、今見たとおりの流れが繰り返されることにより、ビットコインのシステムは開始以来、一度もダウンしたことがありません。

管理者がいないシステムという「一見成立し得なさそう」なシステムが、天才的な技術の組み合わせで長い間ダウンせずに動き続けているのは驚くべきことです。そして、そんな芸当が実現できている理由は、まさにサトシ・ナカモトの天才的なアイデアにあります。

先ほど、「マイナーは報酬目当てにマイニング（大変な計算競争）をしている」と述べました。ビットコインのシステムがダウンしない大きな理由はまさにこれです。ビットコインのシステムは、あらゆる参加者が「自らの利益を追求」することにより回り続けています。

マイナーが報酬目当てに大変な計算競争をわざわざ頑張り、ブロックチェーンを更新しつ続けるところはわかりやすいですが、参加者によるトランザクションやブロックの検証なども、結局はビットコインのシステムを信頼できる形で運営し続けることは参加者にとって利益となるので、参加者は自らの利益のためにそれらを行い続けていると考えられるわけです。

これがたとえば、「ビットコインに対する愛」や「ボランティア精神」に依存した無償労働であるとしたら、いつかそれは破綻してしまいます（最初は「やる気」でなんとかできても、それをし続けるインセンティブは少しずつなくなり、人間はいつか無償労働をやめてしまう生き物です）。そうではなく、人間の「利益を追求したい」という「果てしない欲望」ドリブンで回り続けるシステムを最初から構築し、それにより安定した運営を実現したところに、サトシ・ナカモトの凄まじい知見が詰まっています。

2日目

2 ハッシュ関数

- ハッシュ関数を使う理由を理解する
- ハッシュ関数の種類を押さえる
- ハッシュ関数を試して理解を深める

2-1 ハッシュ関数の概要

POINT

- ハッシュ関数とは何かを理解する
- ハッシュ関数の条件を理解する

ハッシュ関数とは

　ブロックチェーンを構成するさまざまな理論について学んでいく準備として、非常に重要な<u>ハッシュ関数</u>を、ここで理解しておきましょう。ハッシュ関数はブロックチェーンの理論全体においてとても頻繁に用いられる、極めて大事な概念です。

　ハッシュ関数とは、<u>入力されたものを、決まった長さ（固定長）の数値列[※2]に変換する関数</u>のことです。

- ハッシュ関数

※2　この「数値列」は、一般的には16進数によって表されるので、0-9とa-f が入り混じった表記になります。

用語　ハッシュ関数
入力されたものを、決まった長さ（固定長）の数値列に変換する関数

ハッシュ関数によって、入力に対して得られる固定長の数値列のことを**ハッシュ値**といい、入力からハッシュ値を得ることを入力を**ハッシュ化**するといいます。

用語　ハッシュ値
ハッシュ関数によって、入力に対して得られる固定長の数値列のこと
ハッシュ化
ハッシュ関数によって、ハッシュ値を得ること

ハッシュ関数の条件

さらに、ハッシュ関数は以下の条件も満たしている必要があります。

- ①**決定性**：同じ入力に対しては常に同じハッシュ値を生成
- ②**高速計算**：データからハッシュ値を計算するのは簡単
- ③**非可逆性**：ハッシュ値からデータを逆算するのは困難
- ④**衝突耐性**：異なるデータが同じハッシュ値を持つ確率は極めて低い
- ⑤**改ざん耐性**：入力が少しでも違えば、ハッシュ値は全く異なる

順に解説しましょう。

①の**決定性**は、入力が同じものであれば、いつでも同じハッシュ値に変換されることを指します。同じものを1回目に入力したときと2回目に入力したときにハッシュ値が違うことはありえません。

②の**高速計算**は、入力をハッシュ値に変換することは簡単にできることを指します。誰でも、一瞬で入力のハッシュ値を得ることができます。

③の**非可逆性**は②の逆で、ハッシュ値から元の入力を復元することは極めて困難（すなわち、現実的に不可能）であることを指します。

- ハッシュ値から元の入力を復元することは困難

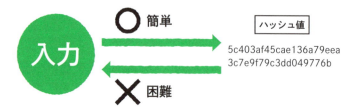

　④の**衝突耐性**は、異なるデータを入力したときに、同じハッシュ値には「ならないと考えてよい」ことを指します。入力は無数にあり得るのに対して、ハッシュ値は固定長なので、理論的には異なる入力に対するハッシュ値が「たまたま」一緒になることはあり得ないわけではありません。しかし、その確率は天文学的に低く、「そんなことは（現実的には）起こらない」と考えても問題ないことを指します。

　⑤の**改ざん耐性**は、「2つの入力がどのくらい近いか」と、それらのハッシュ値の間には全く関係がないことを指します。たとえば、abcde という文字列と abcdd という文字列は、1文字しか違わないので、よく似た文字列です。しかし、これらをそれぞれハッシュ値に変換すると、無関係な全く異なるハッシュ値となります。「入力が似ているから、ハッシュ値も似ている」ことは起こらないというわけです。

> ハッシュ関数は、決定性、高速計算、非可逆性、衝突耐性、改ざん耐性の条件を満たす必要があります。

　代表的なハッシュ関数はいくつか存在し、特にブロックチェーンの世界ではさまざまな用途でそれらのハッシュ関数が頻繁に利用されます。

なぜハッシュ関数を利用するのか

　ハッシュ関数とは何かについて解説してきましたが、そもそもなぜハッシュ関数は必要なのでしょうか。その大きな理由の1つは、ハッシュ関数が**改ざんの検出に非常に役立つ**ことです。

　たとえば、あるトランザクションがAさんからBさんに送られたとします。もしこのトランザクションを送信している途中に、何かしらの理由でトランザクションの一部が改ざんされてしまったとしましょう。しかも、その改ざんがほんのわずかな一

部分だけだったとしたら、人間が目で見てその改ざんを検出することは容易ではありません。

- トランザクションの改ざん例（A→B）

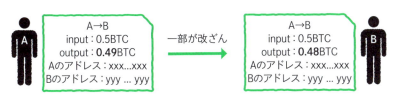

そこでハッシュ関数の出番です。何をするかというと、送信前と送信後のトランザクションをどちらもハッシュ化します。

- 送信前と送信後のトランザクションをハッシュ化

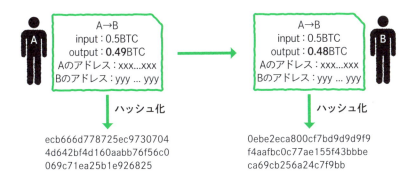

もし、**トランザクションがほんのわずかでも改ざんされていたとしたら、ハッシュ関数の条件である⑤「改ざん耐性」により、全く異なるハッシュ値が得られるはず**です。

2日目

● ハッシュ値の比較で改ざんを検出可能

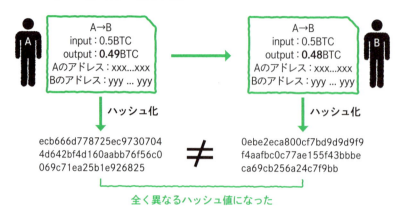

全く異なるハッシュ値になった

　ブロックチェーンでは、このようにハッシュ関数を使って改ざんを調べることが多々あります。ほかのさまざまな用途でもよく使われるので、**ハッシュ関数はブロックチェーンの世界で大活躍するとても重要な概念**です。

重要　ブロックチェーンでハッシュ関数が使われている大きな理由の1つに、ハッシュ関数が改ざんの検出に非常に役立つことが挙げられます。

2-2 ハッシュ関数の種類

POINT

- ハッシュ関数の種類を理解する
- 関数ごとの特徴を理解する

② ハッシュ関数

SHA-256

ハッシュ関数にはさまざまな種類があり、その中で最も代表的に用いられるのが、**SHA-256**[※3]です。SHA-256 は、任意の文字列を 64 桁の 16 進数（256 ビット）に変換します。

● SHA-256

blockchain　　→ SHA-256 →　ef7797e13d3a75526946a3b
cf00daec9fc9c9c4d51ddc7
cc5df888f74dd434d1

HASH-256

ハッシュ関数を用いる理由にはさまざまありますが、その中に**セキュリティを高めるため**という理由があります。

たとえば、他人に見せたくない文字列があったときに、それをハッシュ化すれば、そこから元の文字列を復元することは非常に困難です。そのため、ハッシュ値を送付するだけで事が済むのであれば、ハッシュ値だけを送信することは元の文字列を送信するよりも安全です。

これだけでも 1 つのセキュリティ対策ではありますが、さらに念には念をということで一度ハッシュ化されたハッシュ値を、もう一度ハッシュ化することがあります。これを**二重ハッシュ化**と呼びます。

SHA-256 を使って二重ハッシュ化を行うハッシュ関数を、**HASH-256** と呼びます。

※3　SHAは、Secure Hash Algorithmの略です。SHA-256の読み方は特に決まっていませんが、筆者は「しゃーにごろ」と読んでいます。

61

- HASH-256

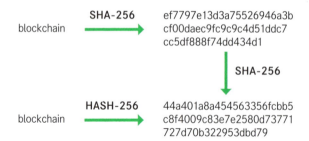

> **用語 二重ハッシュ化**
> 一度ハッシュ化されたハッシュ値を、もう一度ハッシュ化すること

RIPEMD-160

　SHA-256やHASH-256によって得られるハッシュ値は少し長いので、それよりも短いハッシュ値が得られるハッシュ関数として<u>RIPEMD-160</u>も使われます。RIPEMD-160は、任意の文字列を40桁の16進数（160ビット）に変換します。

- RIPEMD-160

> **用語 SHA-256**
> 任意の文字列を64桁の16進数（256ビット）に変換するハッシュ関数
> **HASH-256**
> SHA-256を使って二重ハッシュ化を行うハッシュ関数
> **RIPEMD-160**
> 任意の文字列を40桁の16進数（160ビット）に変換するハッシュ関数

② ハッシュ関数

-3 ハッシュ関数を試してみよう

- ハッシュ関数を試して理解を深める

● 実際にハッシュ関数を使ってみよう

　実際に適当な文字列を SHA-256、HASH-256、RIPEMD-160 でハッシュ化してみましょう。ここでは、簡単にハッシュ化を試す方法として、以下の Web ツールを使います。

- Web ツール
  http://webadmin.jp/toolhash/

　方法は簡単で、「対象文字列」と書かれているところに、ハッシュ化したい文字列を入力し、[生成] をクリックするだけです。ここでは、「blockchain」という文字列をハッシュ化してみましょう。

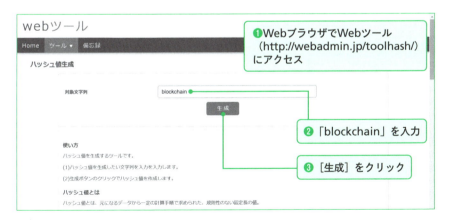

　すると、ハッシュ値生成結果としてさまざまなハッシュ関数により生成されたハッシュ値が表示されます。

HASH-256の結果を試したいときは、SHA-256の結果をコピー＆ペーストで再度対象文字列に入力して[生成]をクリックし、SHA-256の結果を見ればよいでしょう。

ハッシュ関数がブロックチェーン全般において非常に重要な役割を果たすことは、これからブロックチェーンの構成要素について学んでいく上で、徐々に実感に変わっていくはずです。ここでは是非、ハッシュ関数とは何か、そして、何を目的に用いられるのかという点について、ざっくりと理解しておいてください。

参考

Proof of Work（PoW）はビットコインを支える重要なしくみですが、その反面、大きな環境問題を引き起こす要因ともなっています。マイニングにおける膨大な計算競争は、非常に高いコンピュータの計算能力を必要とし、その結果として莫大な電力消費が発生します。

現在、世界中で稼働しているビットコインのマイニング設備の電力消費量は、いくつかの国の年間電力消費量を超えるともいわれています。特に、化石燃料を使用した発電が主流の地域でのマイニング活動は、二酸化炭素の排出量を増加させ、地球温暖化を加速させる一因となっています。また、環境問題への懸念から、2021年には中国がビットコインのマイニングを全面禁止する措置を取り、マイニング活動が他国へ移行する結果となりました。

一方で、再生可能エネルギーを活用したマイニングへの転換が一部で進んでおり、環境への負荷を軽減しようという試みも見られます。たとえば、水力発電や風力発電が盛んな地域でのマイニング施設の設置が増加しており、持続可能な形でのPoWの運用が模索されています。

さらに、ビットコイン以外のブロックチェーンでは、計算の負担が少ない「Proof of Stake（PoS）」というしくみを採用しているものもあります。PoSは電力消費を大幅に抑えることができるため、環境問題への対策として注目されています。ただし、PoSにはそのしくみに特有の課題も存在しますが、ここでは割愛します。

こうした技術革新が進むことで、ブロックチェーン技術と環境問題との両立がより現実的になると期待されています。

3 練習問題

> 正解は 233 ページ

✏ 問題 2-1 ★☆☆

　ビットコインのアドレスは、どのような場面で使われるか、本文を参考に簡潔に説明せよ。

✏ 問題 2-2 ★★☆

　マイナー（採掘者）が「Proof of Work」で競争している主な目的は何か、一言で答えよ。

✏ 問題 2-3 ★★☆

　ハッシュ関数が改ざん検出に役立つのはなぜか、本文の説明を踏まえて、端的に述べよ。

3日目

マイニングとブロック

① マイニング
② ブロック
③ ブロックチェーンの改ざん困難性
④ 練習問題

1 マイニング

- マイニングとは何かを理解する
- 半減期とは何かを理解する

1-1 マイニングの流れ

- マイニングとは何かを理解する
- マイナーが受け取る報酬の種類を理解する
- 半減期のしくみを理解する

● マイニングとは

2日目で学んだように、各ノードは受け取ったトランザクションを検証して、検証したトランザクションを、<u>memプール</u>と呼ばれる「検証済みトランザクション置き場」に一度格納します。検証されたトランザクションは、ほかのノードに再ブロードキャストされ、ほかのノードも同様な手順を踏み、こうしてトランザクションはネットワーク全体に伝播していきます。

● memプールは「検証済みトランザクション置き場」

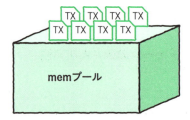

マイナーは、この mem プールにある検証済みトランザクションをもとに、ブロックを生成します。

- トランザクションはブロックとしてまとめる

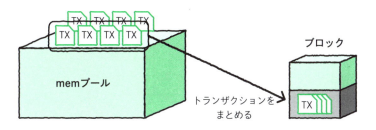

そしてブロックは、ビットコインの取引履歴（台帳）であるブロックチェーンに追加され、ビットコインの取引の歴史が更新されることになります。

- ブロックがブロックチェーンに追加される

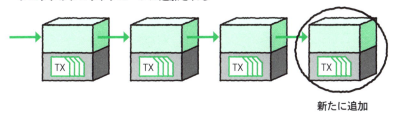

トランザクションを集めてブロックを構成し、ブロックチェーンにそれを追加するには、非常に大変な計算問題を解かなければなりません（計算はマイニングマシンと呼ばれる高性能なコンピュータで行われます）。世界中のマイナーたちは常に、この計算問題を誰が一番早く解けるかを競争しています。

- マイナーは計算をいかに早く解けるか競争している

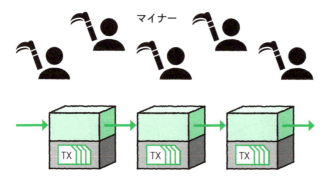

　この競争に勝ったマイナーが、晴れてブロックを構成し、チェーンに追加し、報酬として「マイニング報酬」と「ブロックに含まれるトランザクションの手数料の合計」を受け取ります。マイナーはこの報酬のために必死で計算問題を解き続けています。

- 競争に勝ったマイナーがブロックを追加できる

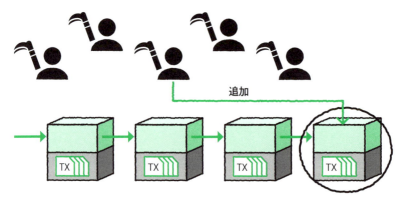

この一連の流れを、**マイニング**といいます。

重要

マイニングは、トランザクションを集めてブロックを構成し、マイナーが非常に大変な計算問題を解き、競争に勝ったマイナーがブロックをチェーンに追加する、一連の流れのことです。

マイナーが受け取る2種類の報酬

P.52でも簡単に触れましたが、マイナーがブロックをブロックチェーンに追加したときに得られる報酬には、以下の2種類があります。

- マイニング報酬
- トランザクション手数料の合計

マイニング報酬とは、マイナーへの報酬として「新たに」発行されるビットコインのことです。日々、マイナーへのマイニング報酬が発行され続けることにより、**世の中に存在するビットコインの総額はどんどん増えていく**[※1] わけです。

トランザクション手数料とは、各トランザクションの「インプットの合計 - アウトプットの合計」により算出される手数料を、すべてのトランザクションについて合計したものです。

重要　マイナーがブロックをブロックチェーンに追加したときに得られる報酬には、マイニング報酬と、トランザクション手数料の合計、の2種類があります。

半減期とは

ビットコインのシステムは、**マイニング報酬が約4年（正確には210,000ブロック）ごとに半減するように設計されています**。2009年のビットコイン誕生時は、新しいブロックごとに50BTCの報酬が与えられていました。その後、約4年ごとに報酬が半減し、2012年には25BTC、2016年には12.5BTC、2020年には6.25BTCとなり、現在もこの半減が続いています。この半減のタイミングのことを**半減期（Halving）**と呼びます。

これは、**ビットコインの供給量を制御し、インフレーションを抑制するためのメカニズム**です。あまりに供給量が増えすぎると、ビットコインの価値が下がってしまうため、この半減期によって供給が抑制されています。これは「供給量が増えれば価値が下がる」という基本的な経済の原則に基づいており、法定通貨のインフレーション

※1　厳密には、増えていきますが、半減期により増え方はどんどん緩やかになり、上限にほぼ到達したら新規発行は停止します。

対策とも考え方は共通しています。ビットコインは、あらかじめ発行上限（2,100万枚）が決められており、このしくみを通じて希少性を保ち、その価値を維持することを目指しています。

半減期のしくみ

　一般的な解説書ではだいたい、半減期の理由は「供給量を制御し、インフレーションを抑制する」と説明されています。ですが、あまりピンとこない読者が多いかもしれません。そのため、もう少し別の角度からの説明を試みてみましょう。

　半減期は、**ビットコインのシステムが徐々に「自律して回る」**ようにしていくための仕掛け、と考えることができます。

　ビットコインが生まれた当初は、マイニング報酬は現在よりも非常に高額（50BTC）でした。そこから、約4年に一度の半減期を繰り返すことにより、2025年1月時点では、3.15BTCとなっています。

　マイナーは報酬を目当てにマイニングを行います。これでは、マイナーのモチベーションがなくなり、マイナーがマイニングを行わなくなって、ビットコインのシステムが回らなくなるのでは？とつい考えてしまいますが、そんなことはありません。なぜかというと、**ビットコインの利用者は、時の流れとともにどんどん増えていくはず**だからです。

　ビットコインの利用者が増えると、当然、世界中で飛び交うトランザクションの数も増えていきます。そうすると、**マイナーの手数料報酬は増えていくはず**です。つまり、マイナーが受け取る報酬は、時間の流れとともに以下のように変動します。

- ビットコイン初期は、マイニング報酬は高いが、利用者が少ないので手数料報酬は安い。
- 時間が経つと、マイニング報酬は安くなるが、ビットコイン利用者は増えるはずなので、手数料報酬が高くなっていく。

この2つの報酬は、以下のようにたとえることが可能です。

- 企業の補助金（何もないところからもらうお金）
- 企業の売上（お客さんが支払ってくれるお金）

① マイニング

たとえば、クレジットカード会社を想像してみましょう。できたばかりのクレジットカード会社は利用者が少ないので、売上（クレジットカード手数料）だけでは回せません。そのため、国や自治体から補助金を受け取りながら運営します。そうやって運営しているうちに、利用者が増えてゆき、そのうち売上で会社が回るようになってきます。そうすると、補助金は徐々に減っていくわけです。最終的に会社は、外部の力を借りずに自律して回り続ける状態になります。

マイニング報酬とトランザクション手数料の間には、このような関係性があると考えることができるでしょう。もし、サトシ・ナカモトがここまですべてを読み尽くしてビットコインのシステムを設計していたとしたら、なんともすごすぎて恐ろしさすら感じてしまいます。

● マイニング報酬とトランザクション手数料の関係性

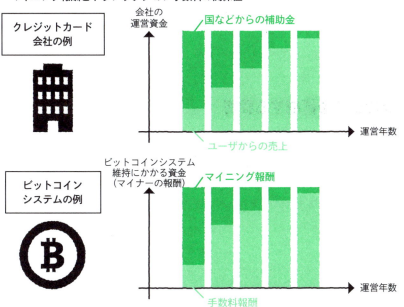

次節からは、マイニングの対象である「ブロック」のしくみについてもう少し掘り下げて解説していきます。実は、ブロックという画期的なしくみこそが、ブロックチェーンの最も重要な「改ざん困難性」を実現しています。ここを理解しているだけでも、ブロックチェーンにかなり詳しいといえます。頑張って理解していきましょう。

2 ブロック

- ブロックとは何かを理解する
- Proof of Work とは何かを概略的に理解する

2-1 ブロックの詳細

- ブロックを構成する要素を理解する
- Proof of Work のしくみを理解する

● ブロックを構成する要素

もう少しそれぞれの要素を掘り下げてみましょう。まずはブロックとは何かを、改めて見ていきます。

ブロックは、**トランザクションリスト**（検証済みトランザクションの集まり）と、トランザクションの集まりについてのさまざまな情報が含まれる**ブロックヘッダ**によって構成されています。

- ブロックの構成要素

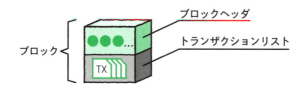

② ブロック

ブロックは「とある条件」を満たしている必要がありますが、条件の詳細については後述します。なお、この条件を、本書では**ブロック条件**と呼ぶことにします。

トランザクションリストに含まれるトランザクション

ブロックの構成要素となるトランザクションリストには、以下の 2 種類のトランザクションが含まれています。

- ① coinbase トランザクション
- ②（mem プールから集めてきた）検証済みトランザクション

coinbase トランザクション（または生成トランザクション） とは、マイナーへの報酬を表す特殊なトランザクションです。ビットコインを新規発行（法定通貨でいうところの「お札を刷る」のと同じイメージ）し、マイナーに報酬を与えるために使用されます。coinbase トランザクションは必ず、ブロックを構築するトランザクションリストの最初のトランザクションになります。

用語

トランザクションリスト
ブロックの構成要素の 1 つ。coinbase トランザクションと検証済みトランザクションの集まりのこと

coinbase トランザクション
マイナーへの報酬を表す特殊なトランザクションのこと

ブロックヘッダに含まれている要素

ブロックの構成要素として、**ブロックヘッダ**があります。ブロックヘッダはトランザクションリストに含まれるトランザクションに関する情報など、さまざまな要素を含んでいます。

用語

ブロックヘッダ
ブロックの構成要素の 1 つ。トランザクションリストに含まれるトランザクションに関する情報など、さまざまな要素が含まれる

- ブロックヘッダとは

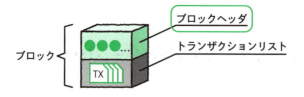

ブロックヘッダに含まれている要素を以下に示します。

- ブロックヘッダに含まれている要素

ブロックヘッダに含まれている要素	概要
バージョン（version）	ブロックの構造やルールを定義するための番号。新しい機能が追加されたり、既存のルールが変更されたりした場合に更新される。これにより、ネットワーク参加者は、どのようなルールでそのブロックが作成されたかを理解できる
前のブロックのハッシュ（previous hash）	直前のブロックのハッシュ値。これにより、ブロック同士がチェーンのようにつながる
マークルルート（markle root）	ブロック内のすべてのトランザクションのハッシュを要約した値。トランザクションの整合性を効率的に検証するために使用される
ターゲット（difficulty target）	現在のマイニング（Proof of Work）の難易度を示す値。この値によって、「ブロック条件」が決まる
タイムスタンプ（time stamp）	ブロックが作成された時刻。Unix時間（1970年1月1日からの経過秒数）で表される
ナンス（nonce）	無意味な数値。ブロックが「ブロック条件」を満たすように、マイナーはこのナンスを探す（Proof of Work）

ブロックヘッダの構成要素～バージョン

　ブロックヘッダに含まれているそれぞれの要素について、詳細を解説していきましょう。
　バージョンは、そのブロックがどのようなルールに基づいて作られているのかを表す番号です。これに関しては、現段階ではあまり気にする必要はありません。

②ブロック

● ブロックヘッダの構成要素〜前のブロックのハッシュ

マイナーはブロックを構成したら、ブロックチェーンにそれを追加します。ブロックチェーンはその名のとおり「ブロック」が「チェーン」状につながったものです。それは、<u>各ブロックのブロックヘッダに「1つ前のブロックをハッシュ化した値」が含まれることにより実現</u>されています。

- ブロックヘッダにはハッシュ化した値が含まれる

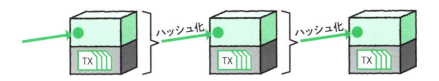

重要　「ブロック」が「チェーン」状につながっているのは、各ブロックのブロックヘッダに「1つ前のブロックをハッシュ化した値」が含まれることで、実現されています。

● ブロックヘッダの構成要素〜マークルルート

<u>マークルルート</u>とは、トランザクションリストに含まれるすべてのトランザクションを要約した1つの値です。トランザクションリストに入っているたくさんのトランザクションをぎゅっと1つの値に凝縮したものだと考えるとよいでしょう。

マークルルートを理解するには、<u>マークルツリー</u>についての理解も必要です。マークルツリーとは、このあと説明する手順で作られる、ハッシュ値が作る「木構造」のことです。

ここでは、トランザクションリストに含まれるトランザクションを、簡単に表すためにTX1、TX2、TX3、TX4とし、HASH-256をHとします（たとえば、TX1をHASH-256でハッシュ化した値をH(TX1)と書きます）[※2]。

※2　HASH-256は、SHA-256による二重ハッシュ化を表します（P.61参照）。

● マークルルートが作られる手順①

まず、それぞれのトランザクション TX1、TX2、TX3、TX4 を HASH-256 でハッシュ化します（それぞれ H1、H2、H3、H4 とします）。

• 各トランザクションをハッシュ化

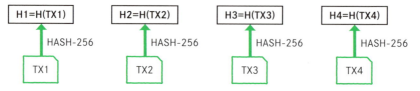

● マークルルートが作られる手順②

H1 と H2 をくっつけてそれをハッシュ化します（H12）。同様に H3 と H4 をくっつけてハッシュ化します（H34）。

• トランザクションをくっつけてハッシュ化

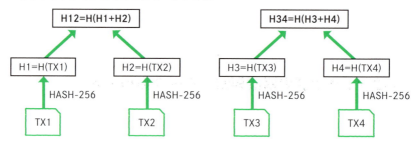

図では、H1 と H2 をくっつけたものを H1 + H2、H3 と H4 をくっつけたものを H3 + H4 と記載しています。

● マークルルートが作られる手順③

H12 と H34 をくっつけてハッシュ化します。

- さらにハッシュ化していく

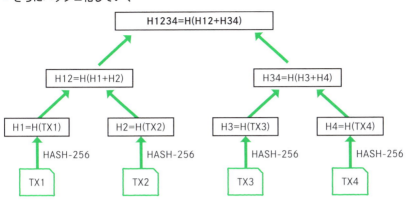

　このように、各トランザクションから始めて、隣同士をくっつけながらハッシュ化を繰り返してゆき、ただ1つの値に集約されたら作業は終了です。この結果できあがった木のような形のハッシュ値の連なりを**マークルツリー**といいます。そして、マークルツリーの最も上（根）のハッシュ値のことを**マークルルート**と呼びます。

- マークルツリーとマークルルート

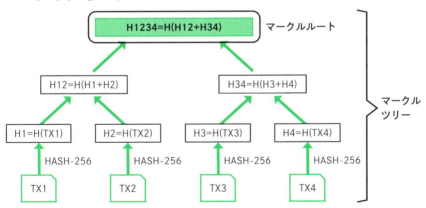

ブロックヘッダには、トランザクションリストに含まれるすべてのトランザクションから算出したマークルルートが含まれます。

マークルルート
トランザクションリストに含まれるすべてのトランザクションを要約した1つの値のこと

マークルツリー
トランザクションのハッシュ化を複数回行っていくことで、ハッシュ値が作る「木構造」のこと

● マークルルートによるトランザクションの改ざん検知

マークルルートは、トランザクションの改ざんの検知に役立ちます。たとえば、トランザクションリストに含まれる1つのトランザクションが改ざんされたとしましょう。ここでは、TX2が改ざんされてTX2'となったとします。

- TX2が改ざんされてTX2'となった例

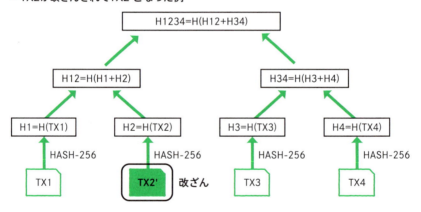

すると、TX2がTX2'に改ざんされたことをきっかけに、H2、H12、H1234の値が芋づる式に変わります（その値をH2'、H12'、H1234'と書きます）[3]。

---

[3] ハッシュ関数には、「データが少しでも変化すると、ハッシュ値は全く異なるものに変わる」改ざん耐性がありましたね。そのため、H2'、H12'、H1234'はH2、H12、H1234とは全く異なる値に変わっているはずです。

- 改ざんによってハッシュ値が変わる

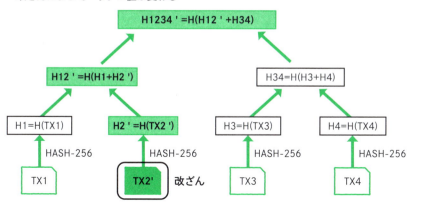

逆に、マークルルートが異なる値に変化したとすれば、それはどれかのトランザクションが改ざんされたことを表します。このように、マークルルートによって、トランザクションの改ざんを検知できます。

重要　マークルルートは、トランザクションの整合性を効率的に検証するために使用されます。

● マイニングと Proof of Work

ここからは、P.76 で紹介したブロックヘッダの要素のうち、残りの 3 つの「ターゲット」「タイムスタンプ」「ナンス」について、詳しく解説します。これらについて理解するために必要なのが、マイニングに関する詳しい理解です。

大きな流れとして、以下について知っておく必要があります。

- ブロックハッシュとは
- ターゲットに関係するブロック条件
- ナンスとは

順に解説をしていきましょう。

ブロックハッシュ

ブロックヘッダには「前のブロックのハッシュ値」が含まれていることをすでに紹介しましたね。この「ブロックのハッシュ値」には重要な役割があるので、これについて解説をしておきます。

ブロックヘッダの要素を並べて、HASH-256（P.61 参照）でハッシュ化したものを**ブロックハッシュ**と呼びます。

- ブロックハッシュ

これにより、**ブロックヘッダとトランザクションリストの情報を、ハッシュ値にぎゅっと閉じ込めます。**ここで「ブロックヘッダしかハッシュ化していないのだから、トランザクションリストの情報は反映されていないのでは？」と感じる読者は鋭いです。しかし、ブロックヘッダにはマークルルートが含まれており、マークルルートはトランザクションリストの要約でした。そのため、**ブロックハッシュには、トランザクションリストの情報も反映されています。**

用語

ブロックハッシュ
ブロックヘッダの要素を並べて、HASH-256 でハッシュ化したもの。マークルルートが含まれるので、トランザクションリストの情報も含まれる

ターゲットに関係するブロック条件

実は「トランザクションリストにブロックヘッダがくっついている」だけでは、ブロックとは呼べません。ブロックと呼ぶためには、**ブロック条件を満たす必要があります。**この「ブロック条件」は、ブロックの「改ざん困難性」を実現するために必要な、非常に重要なものです。

② ブロック

　ここでいうブロック条件は、**ブロックハッシュがターゲットよりも小さいこと**を指します。ビットコインのシステムでは、**ターゲット（Difficulty Target）**という値（P.76参照）がシステムによりリアルタイムで調整、決定され続けています。このブロック条件は、このブロックを作った時点でのターゲットよりも、ブロックハッシュは小さな値でなければならないことを表します。

- ブロックハッシュがターゲットよりも小さいのが条件

ターゲット
ビットコインシステムによりリアルタイムで調整、決定され続けている値のこと

　このブロック条件は一体何かについて掘り下げていきましょう。
　まず、ターゲットが「とても小さな値」だったとします。具体的には、以下のように頭にゼロがたくさん並んでいるような数値を想定してみます[※4]。

00000000000000000000000000000000ce0192e70a5b1bef0ff819ce73e69c3e

---

※4　ターゲットは、SHA-256やHASH-256によるハッシュ値と同じように、64桁の16進数です。64桁の16進数といっても、たとえばその中には1や11、12345のような小さな桁のものも含まれますが、その場合も「64桁」として捉えるために、小さな桁の16進数に関しては頭を0で埋めて、以下のように表します。

　　0000000000000000000000000000000000000000000000000000000000000001
　　0000000000000000000000000000000000000000000000000000000000000011
　　0000000000000000000000000000000000000000000000000000000000012345

　これは、車のナンバー（4桁）を0012、0001のように表したり、誕生日を入力するときに0106のように入力したりするのと同じです。

ターゲットとブロックハッシュを比較して、ブロックハッシュがターゲットよりも小さくなってほしいというのがブロック条件の要請ですが、これが満たされる確率は「非常に低い」ことがわかるでしょうか？　なぜかというと、**ブロックハッシュはほぼランダムな 256 ビットの 16 進数になるはずなので、都合よく頭何十桁も 0 が続く確率は非常に低いはず**だからです。

- ブロック条件を満たす確率は非常に低い

　ターゲットが大きくなると、相変わらず確率は低くはありますが、ブロック条件が満たされる確率は高くなります。

- ブロック条件が満たされる確率は高くなる

ターゲットが小さくなると、ブロック条件は満たされにくくなります。一方、ターゲットが大きくなると、ブロック条件は満たされやすくなります。

◉ ナンス

マイナーにとっては、「ブロック条件を満たす」ことこそが最大の目的です。自分が集めてきたトランザクションから「ブロック条件を満たすブロック」を作れれば、それはすなわち、ブロックをブロックチェーンに追加できることです。これで、マイナーは晴れて報酬を受け取ることが可能です。

たとえば、マイナーがトランザクションを集め、ブロックヘッダをくっつけて、ブロックハッシュを計算した結果、ブロック条件を満たさなかったとします。

• ブロック条件を満たさない

ブロック条件が満たされなかった場合

このとき、マイナーは「残念だったな」とすぐに諦めてしまうかというと、そうではありません。**「ブロックハッシュの値をもう一度変えれば、今度はブロック条件が満たされるかもしれない！」**と考えます。

しかし、「ブロックハッシュを変える」なんて都合のいいことができるのでしょうか。実はできます。どうするかというと、ブロックヘッダの**ナンスを変えればよい**のです。

• ナンスを変えればブロックハッシュを変えられる

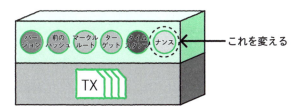

ナンスは、P.76で「無意味な数値」と説明していたとおり、数値そのものには全く意味がありません。要するに、「単なるランダムな数値」です。そんな要素をなぜブロックヘッダに含めているのか？という答えがここでわかります。ナンスを変更すると、以下のようなことが起こります。

- **ナンスの値自体には意味がないので、ランダムに変更しても、トランザクションやほかの重要な要素には何の影響もない。**
- **しかし、ブロックハッシュは変わる**（ナンスが変わると、ブロックヘッダの中身が変わるため）。

　つまりマイナーは、ブロック条件が満たされなかったからといってブロック条件のクリアを諦める必要はなく、ナンスを別の値に取り替えて、またブロックハッシュを計算し、それがターゲットより小さいか？（ブロック条件を満たすか？）と再チャレンジできます。また、この再チャレンジは何度でも行えるので、ナンスを何度でも取り替えればいいわけです。
　このように、世界中のマイナーがナンスを何度も何度もすごいスピードで取り替えて、ブロックハッシュを計算して、ブロック条件を満たすかどうかの確認を繰り返し、ブロック条件を満たすナンスが見つかるまで頑張る「膨大な計算」のことを、Proof of Work といいます。

用語

ナンス
無意味な数値。マイナーは、ブロックが「ブロック条件」を満たすように、ナンスを探していく

Proof of Work
マイナーが、ブロック条件を満たすナンスが見つかるまで行う「膨大な計算」のこと

● Proof of Work は「大変な計算」

ビットコインの世界では、**誰が1番早く Proof of Work を終えられるかの計算競争**が行われています。一番早く Proof of Work に成功したマイナーは、構築したブロックをブロックチェーンに晴れて追加し、報酬を受け取れるからです。

重要なのは、ターゲットが**「ほぼ10分に1回、世界中で誰か1人（マイナー）が Proof of Work に成功する」ようにリアルタイムで自動調整されている** ことです。

マイナーたちは、世界中で「われこそが Proof of Work を成功させる！」と、膨大なマシンリソースをどんどん Proof of Work に注ぎ込み、ひたすらハッシュを計算しています。新規に参入してくるマイナーもいるので、これをただ放置しておけば、世界中で Proof of Work に成功する人は際限なく増えていくはずです。

しかし、そうなるべきではありません。**Proof of Work は「大変である」「なかなか成功できない」ことに意味がある** からです。なぜなら、Proof of Work が「大変」であることによって、悪意のある者が変なブロックをいたずらでブロックチェーンに追加したり、改ざんされたトランザクションをブロックに悪意を持って追加しようとしたりすることが簡単にはできなくなっているからです。

改ざんを防ぐために、Proof of Work は「大変である」「なかなか成功できない」必要があります。

● Proof of Work が「大変な計算」であり続けるしくみ

Proof of Work が「大変な計算」であり続けるよう、ビットコインのシステムによって、ターゲットがリアルタイムで調整され続けています。具体的には、世界中のマイナーの合計リソース（計算スピードと数）に合わせて、**ビットコインシステムは「ほぼ10分に1回、世界中で誰か1人（マイナー）が Proof of Work に成功できる」ようにターゲットを自動調整しています。**たとえば、マイナーの合計リソースが増えれば増えるほど、連動してターゲットは小さく（すなわち、Proof of Work が難しく）なります。

この自動調整は、イメージとしては入試と似ています。ある学校の入試を考えたときに、志願者が少なければ受験の難易度は下がり、志願者が多ければ受験の難易度は上がるはずです。この「難易度調整」により合格者を一定に保っているわけです。

同様にして、ターゲットは「10分に1回、世界中で誰か1人が合格する」という

基準をもとにリアルタイム調整（正確にはターゲットの調整は2週間に一回）されているのです。

参考

Proof of Work が大変な理由を、より詳しく述べておきましょう。悪意を持ったマイナーがトランザクションを改ざんしてブロックに含めようとすることには、「膨大な計算リソースを Proof of Work に注ぎ込む」ことが必要です。逆にいえば、「膨大な計算リソースを Proof of Work に注ぎ込む覚悟さえあれば、改ざんしたトランザクションをブロックチェーンに書き込めるのでは？」と思うかもしれません。

しかし、マイナーは Proof of Work に成功してブロックを構築したら、**そのブロックをネットワークにブロードキャストし、検証をしてもらわなければなりません**。改ざんは結局そこでばれるので、不正なブロックはチェーンに追加できずじまいです。

こうなると、いよいよ悪事やいたずらを働こうなどというモチベーションは起こりませんね。さらに、マイナーたちは「正しいトランザクションを（参加者による検証ののちに）正しくチェーンに追加する」ことこそが自分たちにとっての利益となるので、不正をせずに、正しいトランザクションをブロックに追加し続けるのです。それが自分たちにとって最も得だからです。

このように、各参加者が「自らの利益」のために頑張り続けることがブロックチェーンのすごい点であることは、すでに述べましたね。

● ハッシュレート

Proof of Work では、ハッシュ値の計算をひたすら世界中で繰り返しています。ネットワーク全体でハッシュ値を1秒間に何回計算できるかを表す指標を、**ハッシュレート（hash rate）**といいます。ハッシュレートが高いことは、ネットワーク全体のハッシュ計算能力が高いことを意味します。

ハッシュレートとターゲットの間には以下の関係があります。

- ハッシュレートが高いと、ターゲットは小さく（すなわち、Proof of Work が難しく）調整される
- ハッシュレートが低いと、ターゲットは大きく（すなわち、Proof of Work が簡単に）調整される

最新のデータ（2025年1月現在）によると、ビットコインのハッシュレートはおおむね780EH/s（EHはエクサハッシュ。日本語で数えれば毎秒780京回のハッシュ計算がネットワーク全体で行われていることを表す）前後であると推測されています。**この高いハッシュレートは、ビットコインネットワークの強固なセキュリティを示すとともに、マイニング競争の激しさを表しています。**

用語

ハッシュレート
ネットワーク全体でハッシュ値を1秒間に何回計算できるかを表す指標

参考

「ターゲット」「Proof of Work」の意味が少しわかりにくいという読者のために、もう1つ身近な例で説明をします。4人くらいの友人が一箇所に集まり、以下のゲームを行うとしましょう。

- 最初に、親が「目標値（1～6）」を掲げる。
- 親以外のそれぞれのプレイヤーは、各自サイコロを自由に振り始め、一番最初に出目が「目標値以下」になったプレイヤーが「勝ち」。
- 勝ったプレイヤーには親から賞金が与えられる。
- これを何度も繰り返す。

この目標値こそが、まさに「ターゲット」です。身近な例だとよりわかりやすいですが、この目標値が小さければ小さいほど、ゲームで勝つのは難しくなり、それゆえに、賞金が出る頻度も少なくなるでしょう。逆に、目標値が大きいと、プレイヤーは勝ちやすくなり、賞金も結構な頻度で出ることになります。親は、プレイヤーに賞金が出る頻度が「多すぎず少なすぎず」くらいに落ち着くように、常に適正な目標値を毎ターン提示し続けます。ターゲットもこれとほとんど同じようなもので、「世界中で10分に1マイナーがProof of Workに成功（ブロックが1つチェーンに追加される）」するくらいの難易度が保たれるように、値が自動的に調整されているのです。

3 ブロックチェーンの改ざん困難性

- ブロックチェーンの改ざん困難性を理解する
- 改ざん困難性のしくみを知る

3-1 ブロックチェーンが改ざん困難な理由

- ブロックチェーンが改ざん困難な理由を理解する
- 最長チェーンルールを理解する

● ブロックチェーンの最大の特長は「改ざん困難性」

　ここまでに述べてきたように、世界中で発生したトランザクションは、ネットワーク全体での検証を経てマイナーから収集され、Proof of Work という計算競争を勝ち抜いたマイナーによって、ビットコインの新たな送金の歴史としてブロックチェーンに追加されます。

　これにより世界中で発生したビットコインの取引がブロックチェーンに記録され、誰からでも見られる台帳となるわけですが、これほど複雑なしくみによってこの「台帳」という「単なる送金記録」を実現することに、まだいささかピンとこない読者もいることでしょう。

　これから、ブロックチェーンの最大の特長である、**改ざん困難性**について解説します。ブロックチェーンに記録されたデータ（ブロックヘッダ、トランザクション）は、改ざんが極めて困難です。これにより、ブロックチェーンに書かれている情報は「極めて高い確率で正しい」と考えられます。**これこそが、ブロックチェーンが「すごい技術」であるゆえん**です。

改ざん困難性を実現するしくみ

ブロックチェーンには、世界中で交わされたビットコインの取引が記録されています。

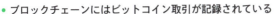
- ブロックチェーンにはビットコイン取引が記録されている

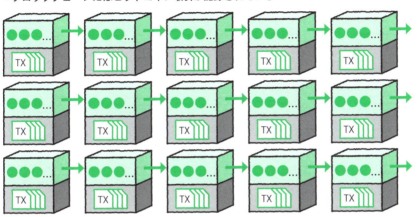

ネットワークの参加者たちそれぞれが、ブロックチェーンの完全なコピーを持っています[※5]。新たなブロックが追加されようとするたび、参加者たちは常にほかの参加者と通信し、「これ合っている？」「大丈夫そう？」と合意形成を行います。そして参加者たちにより「正しい」と合意形成されたブロックチェーンこそが、私たちの目に見えている（たとえば、P.29 で解説した、Blockchain.com の Exprolor で見られる）ブロックチェーンです。

参考

少しややこしい部分なので、たとえ話で頭を整理しておきましょう。ブロックチェーンの参加者たちの合意形成はいわば、「クラスに会計係を置かず、クラスのメンバーがそれぞれ独立して会計帳簿をつける。そして、みんなで見せ合いと話し合いをしながら、これが正しそうだねという合意を形成し、それを正しいものとする」ことを、常に行い続けるイメージです。

※5 正確にいえば、SPV（Simple Payment Verification）ノードというタイプの参加者は、ブロックチェーンの完全なコピーを持ちません。本書ではSPVノードのことには踏み込まないことにしますが、ブロックチェーンにおいては重要な概念です。

3日目

　悪意のある参加者なら、「(自分が持っている)ブロックチェーンに含まれているトランザクションを1つ選んで、その送金先をこっそり自分に書き換えよう。そうすれば、その分のビットコインが手に入る」と考えても不思議ではありません[※6]。

　そんな悪意のある人が、ブロックチェーンに含まれるとあるブロック(の中のトランザクション)に改ざんを加えたとしましょう。このブロックはi番目であるとします。

● ブロックチェーンの改ざん

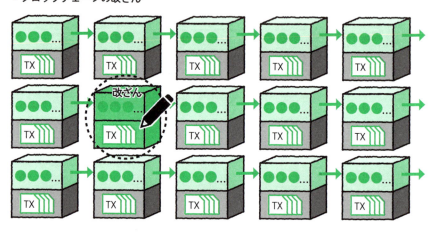

　結論からいうと、**この改ざんはすぐにばれます**。そのメカニズムを解説していきましょう。

> クラスの会計帳簿の例で考えれば、たとえば40人のクラスのうち1人が「自分の帳簿だけ少し書き換えて、自分が得する感じにしよう」と、帳簿の書き換えを試みるようなことです。クラス全員での合意形成のときに「お前改ざんしただろ」とすぐにばれるであろうことは、容易に想像がつきますね。

※6　ビットコインの世界では、「UTXOの合計」として各参加者の残高が計算されます。すなわち、ブロックチェーン上の未使用のアウトプット(UTXO)の送金先を自分に書き換えることに成功すれば、そのまま自分の残高が増えることになります。

③ ブロックチェーンの改ざん困難性

　改ざんした場合、該当のi番目のブロックはハッシュ値が変わるので、おそらく**ブロック条件を満たさなくなります**。これではそもそも、ブロックチェーンにつながっている資格がありません。
　さらに、仮にi番目のブロックがブロック条件を満たしたとしても、改ざん前のブロックハッシュが次のブロック（i+1番目）のブロックヘッダに「前のブロックのハッシュ値」として埋め込まれているのでしたね。これもなんとかする必要があります。

● 改ざんした場合の影響範囲

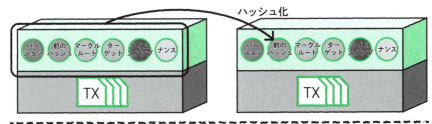

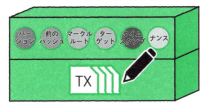
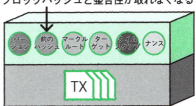

　この整合性が取れなかった段階で、ブロックチェーンは成立していません。 改ざんが加えられたことが参加者たちにばれてしまい、自分の意見は参加者たちの総意として棄却されてしまいます。すなわち、改ざん失敗です。

参考

| クラスの会計帳簿の例で考えれば、誰か1人が「ちょっと自分の帳簿を書き換えてやろう」と一箇所書き換えた時点で、そもそも彼の帳簿の中での整合性が全然取れなくなるというイメージです。「そもそも嘘にすらなっていない」みたいなことですね。その状態で合意形成の場に自分の帳簿を差し出せるはずもありません。

改ざんを成功させるには、この不整合をどうにかして解消する必要があります。そのため、改ざん者は以下の工作を行う必要があります。ただし、この辻褄合わせが終わるまで、改ざん者がチェーンをほかの参加者に公開することはできません。非公開でこっそり作業を行います。

- ① まずは、改ざんしたブロック（i 番目）がブロック条件を満たすように、ナンスを探す。
- ② 改ざんしたブロックがブロック条件を満たすナンスが見つかったら、次のブロック（i+1 番目）に埋め込まれた「前のブロックハッシュ」を入れ替える。

この時点で**なかなか無理筋であること**に気づくでしょうか。主に無理筋なのは①です。なぜかというと、①はまさに行っていることが Proof of Work だからです。ブロック条件を満たすようなナンスを見つけられるのは、「世界中のマイニング能力を総動員した結果、世界で 10 分に 1 人」だけでした。これを改ざん者 1 人でやりきるのはとても大変です。

仮に改ざん者がこれを成功したとしましょう。そしてそれに合わせて次のブロックに埋め込まれた「前のブロックハッシュ」も入れ替えたとしましょう。このとき、今度は以下のことが起こります。

- ① i+1 番目のブロックハッシュが変わって（「前のブロックハッシュ」を入れ替えたから）、おそらくブロック条件が満たされなくなる。
- ② i+2 番目のブロックに埋め込まれた「前のブロックハッシュ」との整合性が取れなくなる。

これではやはりブロックチェーンは成立しないので、改ざん者はこれも解消しなければなりません。結果として改ざん者は以下の工作も行う必要があります。

- ① i+1 番目のブロックがブロック条件を満たしてくれるように、ナンスを探す。
- ② i+2 番目に埋め込まれた「前のブロックハッシュ」を合わせて入れ替える。

これが延々と続くことがわかるでしょうか。

- i+2番目のブロックハッシュを入れ替えたら、今度はi+2番目のブロックでProof of Workが必要。
- 今度はi+3番目のブロックハッシュを入れ替えたら、i+3番目のブロックでProof of Workが必要。
- 以降、同じ流れが最新ブロックまで続く……。

これらのことから、ブロックチェーンの改ざんは、かなり困難であることがわかります。

重要

ブロックチェーンの最大の特長では、ブロックチェーンに記録されたデータ（ブロックヘッダ、トランザクション）の改ざんが極めて困難な点です。

ブロックチェーンの改ざんが困難なのは、ブロックを改ざんした場合、ブロック条件を満たさなくなり、すべてのブロックの辻褄を合わせるには、膨大な手間が必要になるためです。

最長チェーンルール

ここまで、ネットワーク参加者がそれぞれブロックチェーンのコピーを持っていて、改ざん者がブロックを改ざんしたというシナリオをずっと考えてきましたね。そして改ざん者は、改ざんしたブロックの後ろのブロックすべての辻褄合わせ（Proof of Work）を行う必要があることも述べました。

実はビットコインのシステムには、**最長チェーンルール**という重要なルールがあります。これは、ビットコインの参加者たちは**最も長いチェーンこそが正当なチェーン**であると考えるルールです。

マイナーはブロックをどのチェーンに接続するか選択するとき、「最も長いチェーンが正しいチェーンだろう」という考えに基づいてチェーンを選択します。これは、「チェーンが長いことは、みんながこのチェーンにブロックをつなげるためにProof of Workを必死に頑張っていることを表す。みんながこんなに正しいといっているなら、これが正しいだろう」という理由です。

改ざん者は、改ざんしたブロックの後ろのブロックすべての辻褄合わせ（Proof of Work）を行う必要があるとを述べましたが、これは非常に困難であり、仮にできたとしてもおそらく凄まじい時間がかかります。

改ざん者が改ざんの辻褄合わせを頑張っている間、もちろん改ざん者は非公開でそ

れをし続けます。**その間に、世界中のマイナーにより、正当なチェーンにはどんどんブロックが積み上げられていきます。**改ざん者が辻褄合わせを終え、チェーンをほかの参加者に公開した頃には、すでに正当なチェーンが世界中のマイナーによってどんどん伸ばされた状態です。ここから、改ざん者がどんなに自分の改ざんチェーンを伸ばそうと必死で頑張っても、世界中のマイナーに勝って自分のチェーンのほうを長くすることは、ほぼできないでしょう。

用語 　**最長チェーンルール**
ブロックチェーンでは、最も長いチェーンこそが正当なチェーンであると考えること

参考

クラスの会計帳簿の例で考えてみましょう。Xくんは自分が得するように、自分の帳簿を少し書き換えました。すると、Xくんの帳簿はまるで辻褄が合わなくなってしまったので、みんなに隠れて必死に、帳簿の辻褄を合わせます。

ところが、その間にXくん以外のクラスメンバーは、正当(最も取引がたくさん書かれている=最長である)な帳簿が正しいだろうと考え、新たな取引を追加し、合意することをどんどん繰り返していきます。

Xくんがようやく辻褄合わせを終え、みんなに「この帳簿でいいよね?」と合意形成を試みても、「これ全然取引が少ない(短い)から駄目」という、不本意な合意に至ってしまいます。

このルールにより、自然と「正当な帳簿」が残り続けるだろうというのが、ビットコインシステムの核心です。

51%攻撃

ここまでの話から、逆にこんなことを考えることもできます。

もし、改ざん者の計算能力が非常に高かったら、辻褄合わせとチェーンを自力で(正当なチェーンよりも早く)伸ばし、それが正当とほかの参加者に認めさせることができるのでは?

結論、これは「そのとおり」です。改ざんを困難にしているのは「世界中のマイナーに勝てるほどの計算資源を、改ざん者が持っているわけがない」という前提があってこその話です。逆にいえば、改ざん者が世界中のマイナー総出の計算能力よりも強力

な、すなわち、**世界中のマイナーの合計計算能力（ハッシュレート）の51％以上を改ざん者が支配していた**としたら、改ざんが可能になってしまう可能性はあります。ハッシュレートの51％以上の計算資源によってブロックチェーンの改ざんを仕掛けることを、**51％攻撃**といいます。

現在、マイニングはたくさんの参加者が組織（マイニングプール）を形成し、協力して行うことが主流です。各マイナーの計算能力をまとめた円グラフ（2025年1月時点）を以下に示しましょう。

- 各マイナーの計算能力

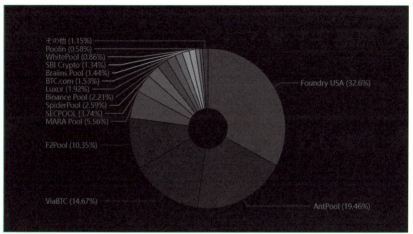

出典：https://mempool.space/graphs/mining/pools

見るとわかるように、2025年1月時点では、上位2プールが結託すれば、ハッシュレートの51％を独占できることがわかります。このように、実は**マイニングの中央集権化**によって、51％はそこまで「非現実的」なものではないといえることも事実です。

ちなみに、執筆時点では、ビットコインのネットワークへの51％攻撃が成功したことはありません。

51％攻撃
ハッシュレートの51％以上の計算資源によってブロックチェーンの改ざんを仕掛けること

4 練習問題

正解は 235 ページ

問題 3-1 ★☆☆

「マイナーが受け取る報酬」には 2 種類ある。その 2 種類を答えよ。

問題 3-2 ★★☆

ブロックの構成要素として挙げられる「ブロックヘッダ」に含まれるものを列挙し、それぞれの意味を簡潔に説明せよ。

問題 3-3 ★★☆

「半減期（Halving）」とはどんなしくみか。また、半減期が設定されているのはなぜか。簡潔に説明せよ。

4日目

ビットコイン
アドレスと
トランザクション

1 ビットコインアドレス
2 トランザクション
3 電子署名
4 トランザクションスクリプトの概要
5 練習問題

① ビットコインアドレス

- ビットコインアドレスとは何か理解する
- ビットコインアドレスを実際に作る手順を理解する

ここからは、ブロックチェーンを構成するさまざまなアイデアについて、個別に、より本格的に掘り下げていきます。4日目では、ビットコインのいわば「口座番号」に相当する「ビットコインアドレス」のしくみ、ビットコインの送受信の肝である「トランザクション」について、じっくりと掘り下げていきましょう。

1-1 秘密鍵と公開鍵

- 秘密鍵と公開鍵とは何か理解する
- 秘密鍵と公開鍵の関係を理解する

秘密鍵と公開鍵

これから、ビットコインを保持しておく銀行の口座番号のようなもの（すなわち送付先）である、**ビットコインアドレス（アドレス）**のしくみについて学びます。実はこのアドレスのしくみの背後には、**秘密鍵**と**公開鍵**という非常に重要な概念があります。

なお、**鍵**とは、データを第三者が解読できないようにする「暗号化」や、暗号化する前の状態に戻す「復号」に使うデータのことです。

① ビットコインアドレス

用語

暗号化
データを第三者が解読できないようにする手法
復号
暗号化する前の状態に戻すこと
鍵
暗号化や復号に使うデータのこと

今、Aさんがビットコインを取引できるようにするため、アドレスを作ろうとしているとしましょう。Aさんはまず、自分の**秘密鍵（private key）**を発行します。秘密鍵は通常、非常に長い数値をランダムに生成し、それを使用します。

• 自分の秘密鍵を発行する

Aの秘密鍵

この秘密鍵は、のちに**Aさんが持っているビットコインを利用する**ときに必要です。秘密鍵は名前のとおり、Aさんしか知らない鍵です。誰かほかの人に流出してしまうと、その秘密鍵を知ったほかの誰かもAさんのビットコインを使えてしまいます。そのためAさんは、秘密鍵を絶対に世の中に知られないように、自分だけの秘密にします。

次にAさんは、秘密鍵を基にして**公開鍵（public key）**と呼ばれる鍵を作ります。秘密鍵から公開鍵を作る手順は決まっており、その手順どおりに公開鍵を導出します[※1]。

※1 秘密鍵から公開鍵を導出するときには、一般的に楕円曲線暗号（ECC：Elliptic Curve Cryptography）が使われます。この手法は高度な数学により構成されており本書では深入りすることは避けますが、P.252で触れます。

- 秘密鍵を基にして公開鍵を作る

　秘密鍵と公開鍵の最も重要な関係は、**秘密鍵から公開鍵を作るのは容易だが、公開鍵から秘密鍵を復元することは非常に難しい（現実的に不可能）点**です。秘密鍵と公開鍵は、必ずこの関係を満たすように作らなければなりません。

- 公開鍵から秘密鍵を復元することは非常に難しい

　この性質により、公開鍵をほかの誰かに知られても、そこから秘密鍵を復元されることはないので、**公開鍵は世の中の誰に知られても問題がない**ことになります。しかし、公開鍵はもともと秘密鍵と紐づいているものでもあるので、Aさんと紐づいた（すなわち、Aさんのことを表す）重要な情報でもあります。

秘密鍵
鍵の作成者しか知らない鍵
公開鍵
第三者に公開しても問題がない鍵

秘密鍵と公開鍵の最も重要な関係は、秘密鍵から公開鍵を作るのは容易だが、公開鍵から秘密鍵を復元することは非常に難しい（現実的に不可能）という点です。

この公開鍵をそのままビットコインの送付先（Aさん）としてもよさそうですが、よりセキュリティや利便性を高めるために、Aさんは公開鍵から所定の手順でアドレスを作成します。

- 公開鍵から所定の手順でアドレスを作成する

　そしてAさんは、このアドレスを誰かに共有したり、世の中に公開したりすることで、ほかの誰かからビットコインを送金してもらい、それを受け取ります。

1-2 具体的なアドレス作成手順

- ビットコインアドレスとは何か理解する
- アドレスを実際に作る手順を理解する

アドレス作成の流れ

ここからは、アドレスを作るための具体的な手順を解説しましょう。実際に自分のアドレスを作る手順は、以下のとおりです。

- ① 秘密鍵を作る
- ② 秘密鍵から公開鍵を作る
- ③ SHA-256、RIPEMD-160 で公開鍵ハッシュを作る
- ④ Base58Check で変換する

順番に流れを追っていきましょう。

① 秘密鍵を作る

秘密鍵は、ランダムな 64 桁の 16 進数（256 ビットの整数）を生成したものを使います。秘密鍵はのちに自分のビットコインを使うために必ず必要なものなので、絶対に公開したり忘れたりしてはいけません。

② 秘密鍵から公開鍵を作る

次に、秘密鍵から公開鍵を作ります。秘密鍵から公開鍵を作るときは楕円曲線という数学的概念を使って生成します。楕円曲線の詳細はここでは知る必要がないので、付録（P.252 参照）で紹介します。

- 秘密鍵から公開鍵を作る

　秘密鍵から公開鍵は決まった手順ですぐに生成できますが、公開鍵から秘密鍵を復元することは極めて困難です。この困難性を実現するために、わざわざ、楕円曲線という難しい概念が用いられています。

③ 公開鍵ハッシュを作る

　公開鍵が得られたら、次に公開鍵を SHA-256 → RIPEMD-160 の順にハッシュ化します。

- 公開鍵ハッシュを生成

　私たちはそもそも「ビットコインの送金先」を作りたいという理由でアドレスを生成していたのでしたね。その観点でいえば、公開鍵は「公開しても大丈夫」な情報ですし、ビットコインの所有者に紐づいた情報なので、公開鍵をそのままビットコインの送金先として使えばよい気もします。ですが、セキュリティをさらに高めるために、さらにハッシュ化などの小細工をしてアドレスを作っています。

④ Base58Check で変換する

　次に、公開鍵ハッシュを読みやすく、間違いにくくするために、**Base58Check** と呼ばれる方法で変換します。

●Base58

Base58Check を理解するためには、まず、Base58 について知っておく必要があります。Base58 とは、58 個の文字を使ってデータを文字列に変換する方法です。読みやすく、かつ、誤りにくくするための方法であり、ハッシュ関数ではありません（よって、P.57 で述べたハッシュ関数の性質を満たすわけではありません）。

Base58 で使われる文字は、以下のとおりです。

- abcdefghijkmnopqrstuvwxyz（l がない）
- ABCDEFGHJKLMNPQRSTUVWXYZ (I と O がない)
- 123456789（0 がない）

この文字リストを見るとわかるように、「I、l、O、0」があえて除外されています。これらの文字は手書きやフォントによっては非常に見分けがつきにくく、転記ミスやタイプミスの原因になります。それを防ぐために、Base58 では「一目見ただけだと区別がつきにくい文字（I、l、O、0)」を除外しています。

たとえば、「blockchain」という文字列を Base58 で変換すると以下のようになります。

- 「blockchain」をBase58で変換した例

Base58
58 個の文字を使ってデータを文字列に変換する方法

●Base58Check

Base58Check は、Base58 に誤り検出のしくみを追加したものです。Base58Check を使うと、仮に書き間違いやタイプミスがあったとしても、それを検知できます。

Base58Check の手順は少しややこしいですが、順を追ってみていきましょう。まず、公開鍵ハッシュの頭に、たとえば 0x00、0x05 のような、**バージョン**と呼ばれる 2 桁

の 16 進数を付加します[※2]。Base58Check におけるバージョンの意味はここであまり気にしなくてよいですが、アドレスの種類を表すために頭に付加する数字だと思っておけばよいでしょう[※3]。

次に、これを HASH-256 でハッシュ化し、その最初の 4 バイトを取り出します。

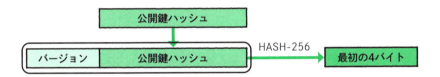

その 4 バイトを公開鍵ハッシュの後ろに付加します。

[※2] 0xは、16進数であることを表す目印です。たとえば0x12と書いたら、それは「16進数の12」の意味になります。

[※3] このように頭に付加して何かを判断するのに使う数桁の数字のことを「プレフィックス」と呼びます。

あとは、まとめて Base58 で変換すればアドレスの完成です。**この一連の変換の手順を Base58Check と呼びます。**

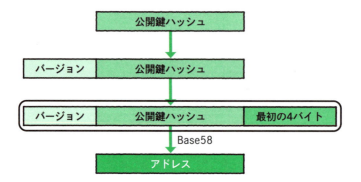

アドレスの誤り検出は、以下のとおりの手順で行えます。4バイトの部分を比較した結果、それが一致しなければ、どこかで書き間違いまたはタイプミスをしていると判断できます。

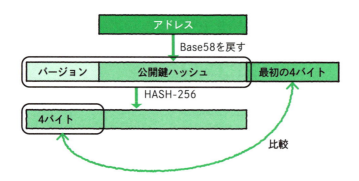

Base58Check
Base58 に誤り検出のしくみを追加したもの

② トランザクション

2 トランザクション

- トランザクションの構造を理解する
- UTXOとは何かを理解する
- トランザクションの主要な構成要素を理解する

2-1 トランザクションの構造

- トランザクションの構造を理解する

● ブロックチェーンのトランザクション

　ブロックチェーンにおける**トランザクション（transaction）**[※4]とは、ビットコインの取引（移転）を表す、小切手のようなデータです。イメージとしては、以下のように、送金元（Aさん）と送金先（Bさん）、送金金額（3,000Sat）などの情報が含まれています。

- トランザクションの例

※4　データベースやネットワークなどの分野でもトランザクションという言葉が使われますが、それらとは意味が異なります。注意しておきましょう。

たとえば、AさんがBさんに3,000Satを送金したいとき、まずはトランザクションを作成し、ビットコインネットワークにブロードキャストします。それがネットワークから承認され、ブロックチェーンに追加されることにより、AさんからBさんへの送金は完了します。

> 私たちが普段使っている法定通貨（日本円）とビットコインの大きな違いをここで解説しておきましょう。
>
> 私たちが持っている財布の中には、いくらかの残高が入っているはずです。この残高は、過去にたくさんの取引（買い物など）を行った結果の金額で、その詳細な履歴は、領収書やレシートなどを辿ることで、一応は追跡可能です。しかし、領収書やレシートがすべての過去の取引について残されているかというと、大抵の場合はそんなことはありません。どのように通貨が動き、現在の残高になっているのかを完璧に追跡しきることは、現実的にはほぼ不可能でしょう。
>
> しかし、ビットコインの場合は、ブロックチェーン上に過去のあらゆるトランザクション（ビットコインの移動の履歴）が記録されます。さらにそれは世界中、誰からでも閲覧することができ、事実上改ざん困難なので、正しいデータです。そのため、ブロックチェーンの中で自分に関連するトランザクションを追跡すれば、自分がどのような経緯でビットコインを取引し、現在いくらのビットコインを所有しているのかをすべて明らかにできます。その結果わかる「自分が現在使うことができるビットコインの合計額」が、まさに「残高」というわけです（詳しくは、P.113で扱います）。

インプットとアウトプット

　トランザクションの構造をより詳しく見てみましょう。トランザクションには、**インプット（input）**と**アウトプット（output）**が含まれます。インプットとは、送金に使うビットコインの「元手」のことで、アウトプットは「送金先と送金額」のことです。たとえば、次の図（Aさんが発行したトランザクションとします）では、元手の3,000Satのうち2,000SatをBさんに、900SatをAさんに支払うことを表します。

② トランザクション

- インプットとアウトプット

input	output
3,000Sat	2,000Sat
	900Sat

用語
トランザクションのインプット
送金に使うビットコインの「元手」
トランザクションのアウトプット
送金先と送金額

「インプットが 3,000Sat で、アウトプットは 2,000 + 900 = 2,900Sat なので、100Sat がどこかに消えているのでは？」と気づいた方は鋭いです。実はこの差額は、3 日目に述べた、マイナーへの報酬（トランザクション手数料。P.71 参照）として支払われます。

このトランザクションの意味を詳しく述べておきましょう。

- トランザクションの意味

① A は B に 2,000Sat を送る。

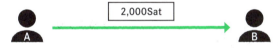

② A は手数料を差し引いた残額 900Sat を自分に送る。

③差額である 100Sat はマイナーへの手数料報酬として支払われる。

①についてはイメージがつきやすいですが、②については、送金元が A であるのに、送金先も A になっています。これは、**元手の 3,000Sat のうち B さんに 2,000Sat**

を送金した「A自身に戻ってくるお釣り」に対応するアウトプットと考えるとわかりやすいでしょう。そして③では、差額の100Satは、前述のとおりマイナーに手数料として支払われます。

アウトプットは

- 誰かへの送金（A → B）
- 自分自身へのお釣り（A → A）

のように使い、インプットとアウトプットの差額はマイナーへの手数料となります。

複式簿記を知っていれば、トランザクションのインプットとアウトプットが、複式簿記の「借方」と「貸方」にすこし似ていることに気づくかもしれません。

複式簿記では、「借方の合計＝貸方の合計」となるルールがあります。一方、ビットコインのトランザクションでは、「貸方（input）の合計＞借方（output）の合計」となるルールであることに注意が必要です。これは、差額分はマイナーに支払う手数料となるからです。

- 複式簿記とトランザクション

複式簿記

借方		貸方	
科目	金額	科目	金額
預金	7,500	通信費	9,000
商品	210,000	仕入	208,500
売上	23,000	保険料	23,000
合計	240,500	合計	240,500

必ず一致する

ビットコイントランザクション

インプット	アウトプット
3,000	2,000
	900

インプット＞アウトプット

※差額の100はマイナーへの手数料のため

2-2 UTXO (Unspent Transaction Output)

- UTXOとは何かを理解する
- 残高はUTXOの合計であることを理解する

● UTXOとは

　ここまで、インプットは「元手」、アウトプットは「送金先と送金額」と説明してきました。実は筆者はここまで、インプットを頑なに「元手」と説明しています。もしかしたら、読者の中には「送金したい金額でいいのでは？」と感じた方がいるかもしれません。結論をいうと、インプットの意味を説明するには「元手」という言い方が最も適切です。これについて解説しましょう。

　例として、Aさんが100SatをBさんに送金したい場合を考えます。Aさんは100SatをBさんに送金するには、当然、Aさんが使えるビットコインが100Sat分なければなりません。

　Aさんが使えるビットコインが100Sat分あるのは、具体的にはどのような状況なのでしょうか。ビットコインはAさんのところに突然湧いて出てくるものではないので、**Aさんが使えるビットコインは、当然、ほかの誰か（取引所を含む）から受け取ったものであるはず**です。

　すなわち、「Aさんが使えるビットコインが100Sat分ある」のは、以下の状況であるといえます。

- ほかの誰かからAさんへのトランザクションのアウトプット（支払われた分）が100Sat分以上ある
- それがまだ送金に使われていない

- 「Aさんが使えるビットコインが100Sat分以上ある」状態

input	output
150Sat	120Sat X→A
	20Sat X→X

　AさんがBさんに100Satを送金するときは、このアウトプットを指定し、それをインプット（元手）としてトランザクションを作ります。

- 「AさんがBさんに100Satを送金する」とき

input	output
150Sat	120Sat X→A
	20Sat X→X

input	output
	100Sat A→B
	10Sat A→A

　すなわち、「Aさんが使えるビットコイン」は、以下のように説明できます。

- ほかの誰かからAさんへのトランザクションのアウトプットである
- それがまだ新たなトランザクションのインプットになっていない（すなわち、送金に使われていない）

　これを満たすアウトプットのことを、Aさんの **UTXO（Unspent Transaction Output）** といいます[※5]。

※5 「Unspent Transaction Output」の略なら「UTO」ではと思う方もいるかもしれませんが、実はトランザクション（Transaction）は、略して「TX」と書くのが通例です。そのため、UTOではなく、UTXOと略します。

用語
UTXO（Unspent Transaction Output）
当人が使える、トランザクションのアウトプットのこと

　AさんがUTXOを使って作ったトランザクションの2つのアウトプット（A→BとA→A）がそれぞれ、「BさんのUTXO（100Sat）」「AさんのUTXO（10Sat）」として新たに使えるビットコインです。

　Aさんが誰かに送金する場合、Aさんの保有するUTXOの中から、送金額を満たすだけのUTXOを選んでトランザクションを作成します。この例のように100Satを送金したい場合、保有するUTXOの中から120SatのUTXOを選び、その一部（100Sat）を送金し、残りの10Satはお釣りとして自分自身に送ります。

　単純に、送金したい金額を指定することで自動的にその金額が処理されるわけではなく、**必要な金額をカバーできるUTXOを選択し、それを元に送受金を行うしくみ**です。そのため、イメージとしては「手元にあるお札から選んで支払う」感覚に近いといえます。

参考

UTXOは複雑なしくみに見えるかもしれませんが、これは、私たちが普段使っている日本円と同じようなしくみです。

私たちが使えるお金は、財布の中に紙幣や硬貨としていくつも入っていますが、これらのお金が「何もないところから突然湧いて出てきたものではない」ことは少し考えればわかります。すべてのお金は、

- 勤務先から給与としてもらった
- 親族からお小遣いとしてもらった
- 銀行から出金した

などのように、誰かからもらったものであるはずです。これが、ビットコインの世界における「使えるビットコインとは、誰かのトランザクションの（自分宛の）アウトプットである」ことに相当します。

そして、私たちはお金をほかの誰かに送金したい（使いたい）とき、財布の中にあるお札または硬貨を指定し、支払いを行ってお釣りを受け取ります。これをビットコインの言葉でいうと、「UTXOをインプットとし、アウトプットとして相手への送金と、自分自身へのお釣りの送金をする」ことになります。

残高は UTXO の合計

たとえば、A さんの UTXO が以下のようにいくつか存在しているとしましょう。

input	output
150Sat Y→X	120Sat X→**A**
	20Sat X→X

input	output
400Sat V→Y	300Sat Y→**A**
	20Sat Y→Y

input	output
500Sat S→Z	100Sat Z→**A**
	200Sat Z→B
	180Sat Z→Z

— A さんの UTXO

自分の UTXO の額をすべて合計すると、それは A さんが使えるビットコインの合計額、すなわち**残高（balance）**となります。このように、**あくまでビットコインの残高とは「いろいろなところにある自分宛の UTXO の金額を合計した」値のこと**です。現在の A さんの残高は「120 + 300 + 100 = 520Sat」です。

この状況で、A さんが B さんに 350Sat を送金することを考えてみましょう。残高は 520Sat あるので送金自体はできそうですが、A さんは以下の UTXO しか持っていません。

- 120Sat（X → A）
- 300Sat（Y → A）
- 100Sat（Z → A）

1 つの UTXO をバラバラにして支払いに使うことはできないので、A さんは次のようなトランザクションを発行することで、350Sat の送金を完了します。

② トランザクション

- 350Satの送金を完了するためのトランザクション例

input	output
150Sat Y→X	120Sat X→A
	20Sat X→X

input	output
400Sat V→Y	300Sat Y→A
	20Sat Y→Y

input	output
500Sat S→Z	100Sat Z→A
	200Sat Z→B
	180Sat Z→Z

input	output
300Sat Y→A	350Sat A→B
100Sat Z→A	40Sat A→A

トランザクションではインプットを複数指定することもできます。なお、**実際にウォレットアプリなどで送金するときは、自分でUTXOを選ぶのではなく、プログラムにより自動的に必要な分のUTXOが選択されます。**

重要

UTXOの合計がビットコインの残高に該当します。1つのUTXOをバラバラにして支払いに使うことはできないので、送金する際は、プログラムにより自動的に必要な分のUTXOが選択されます。

参考

1つのUTXOをバラバラにはできないの？と疑問に思う方もいるかもしれません。これも私たちが日本円を普段使うときと似ています。

たとえば、Aさんの手元に1000円札1枚、500円玉1枚、100円玉1枚があるとき、これらはそれぞれAさんのUTXOに対応します。そして、Aさんが1250円を誰かに支払いたいときに、500円玉を半分に叩き割って、500円玉の半分を250円として使うことはできません。そのため、Aさんは1000円札と500円玉を使ってBさんに1,500円の支払いを行い、お釣りを受け取るはずです。UTXOの使い方を見ると、この流れと全く同じだと理解できるでしょう。

117

このように、誰かのUTXOが新たなトランザクションのインプットとなり、そのアウトプットがまた誰かのUTXOになり、そのUTXOが新たなトランザクションのインプットとなり、そのアウトプットとなり……ということが世界中で繰り返されています。そのすべてがブロックチェーンに記録されることにより、ビットコインの移動のすべてと、その結果としてビットコインの各参加者が今使えるビットコインをどれだけ持っているかが確定します。

- ブロックチェーンはビットコインの移動のすべてを記録

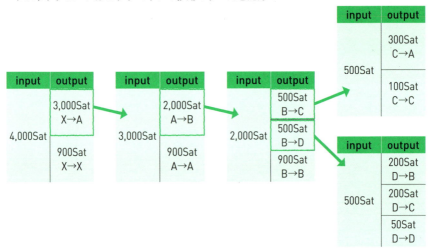

ブロックチェーンにはビットコインの移動のすべてが記録されています。それにより、各参加者が今使えるビットコインの残高が確定するしくみになっています。

2-3 トランザクションに含まれる情報

- トランザクションの主要な構成要素を理解する

● トランザクションに含まれる要素

トランザクションにはインプットとアウトプットが含まれることを述べましたが、ほかにも細かな情報が含まれています。ここで、トランザクションの主要な構成要素について見てみましょう。

● トランザクションの主要な構成要素

トランザクションの構成要素	概要
バージョン番号	トランザクションのフォーマットバージョンを示す数値。これにより、ネットワークはトランザクションをどのように解釈すべきかを知ることができる
ロックタイム	トランザクションが有効になる最も早い時間を指定する。これにより、将来の特定の時点まで取引を遅らせることができる
インプット	以前のトランザクションに含まれるUTXOへの参照。インプットは前に述べたとおり、複数個含まれることもある。それぞれのインプットには以下が含まれる。 ・前のトランザクション（今回使うUTXOを含むトランザクション）のハッシュ値 ・そのトランザクション内の特定のアウトプットのインデックス（トランザクションが複数のアウトプットを持つ場合、どのアウトプットがUTXOなのかを表すインデックス番号） ・ScriptSig（アンロッキングスクリプト。詳細はP.129で解説）
アウトプット	新しいUTXOを作成し、資金の送信先を指定する。これも複数個含まれることがある。各アウトプットには以下が含まれる。 ・金額 ・ScriptPubKey（ロッキングスクリプト。詳細はP.129で解説） ※ ScriptPubKeyに送金先情報が含まれる

これらの要素がそれぞれの目的を持って組み合わさることで、ビットコインのネットワーク上での安全かつ検証可能な取引を可能にしています。

3 電子署名

- 電子署名の目的を理解する
- 電子署名のしくみを理解する
- 電子署名がトランザクションの本人確認になる理由を理解する

3-1 電子署名のしくみ

POINT

- 電子署名とは何かを理解する
- 電子署名で「なりすまし」を防止するしくみを理解する

● 電子署名とは

　AさんがBさんへの送金トランザクションを作ると、ビットコインのネットワークにブロードキャストされ、その内容が参加者たちによって検証されます。その際に、参加者たちは以下のことを検証します。

- トランザクションの送信者がなりすましではなく、Aさん本人であること。
- トランザクションは送信された元のものから改ざんされていないこと。

　これを証明するために使われる技術が、**電子署名（electric signature）**です。電子署名の前にまずは、なりすましが何かから解説していきましょう。

> **用語　電子署名（electric signature）**
> なりすましと改ざんを防ぐために使われる技術

「なりすまし」とは何か

トランザクションを作って送信するAさんは、当然ながら送金元のAさんと同一人物でなければなりません。しかし、別の「なりすましA」という人物が、Aさんのふりをして、送金元がAさんであるトランザクションを作成しようとする可能性もあります。

- 「なりすまし」の例

仮にこれが許されてしまったら、誰でも別人になりすまして、その人のビットコインを自由に使えてしまいます。これを防止するために、なりすましではないことをネットワーク参加者全体で検証します。

「なりすまし」を防止するしくみ

ここでは、AさんがBさんに送金するケースを考えましょう。Aさんは、以下の流れにより、秘密鍵から公開鍵を作り、そこからアドレスを作り、アドレスを送金元として記載したトランザクション（A→B）を作成します。

- AさんがBさんに送金する場合

秘密鍵はいわばアドレスの「種」です。ここで思い出してほしいのは、**秘密鍵から公開鍵は決まった手順ですぐに生成できるが、公開鍵から秘密鍵を復元することは極めて困難であること**です（P.105 参照）。つまり、秘密鍵からアドレスを生成するのは（秘密鍵から公開鍵を生成し、そこに決まった手順を施すことで）誰でもできますが、アドレスから秘密鍵を復元することも、（アドレスから公開鍵を復元し、公開鍵から秘密鍵を復元しなければならないため）非常に困難です。

ここで、このトランザクションの送信者が「確かに A さん本人である」と、トランザクションの受信者 B が確認する方法を考えてみましょう。

◉ 本人確認を行う方法① Aさんの秘密鍵をBさんに見せる

単純な方法として、A さんが秘密鍵を B さんに直接見せてしまう方法があります。

- Aさんが秘密鍵をBさんに直接見せた場合

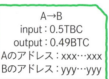

こうすれば、B さんは A さんの秘密鍵から所定の手順にしたがってアドレスを作成し、トランザクションの送金元アドレスと照合できます。秘密鍵（アドレスの種）は A さん本人にしかわからないはずなので、この照合に成功すれば、B さんはトランザクションの送金元が、確かに A さん本人であると確認できます。

- BさんはAさんの秘密鍵からアドレスを作成する

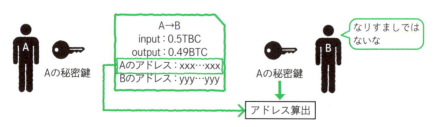

ただし、この方法には重大な問題点があります。Aさん以外の手に秘密鍵が渡ってしまうことです。この例でいえば、Aさんの秘密鍵を手に入れたBさんは、以下のことができてしまいます。

- BさんはAさんのビットコインを自由に使える
- BさんはAさんになりすますことができる

当然ながらセキュリティ上、Aさんは秘密鍵を直接見せる方法を使うわけにはいきません。そのため、Aさんは「秘密鍵を直接教えることなく」かつ「自分は秘密鍵を持っている」ことを証明する必要があります。

- 「秘密鍵を直接教えることなく」かつ「自分は秘密鍵を持っている」ことを証明したい

秘密鍵を教えてもらってはいないけど、Aは間違いなく秘密鍵を持っている
＝なりすましではない

◉ 本人確認を行う方法② 電子署名を使う

　Aさんが「秘密鍵を直接教えることなく」かつ「自分は秘密鍵を持っている」のを証明することがミッションになりましたが、実はこれを実現するのが、電子署名（electric signature）です。電子署名について深掘りするとキリがないので概略を説明しますが、実は電子署名はさまざまなところで使われている非常に重要な技術です。
　まず、Aさんは、自身の秘密鍵から公開鍵を作ります。そして、公開鍵から秘密鍵を復元することは非常に難しいことも重要でしたね。

- Aさんが自身の秘密鍵から公開鍵を作成する

　ここで、Aさんは**トランザクションと秘密鍵から電子署名を生成**します。具体的には、以下のような手順を踏みます。

- Aさんが電子署名を生成する

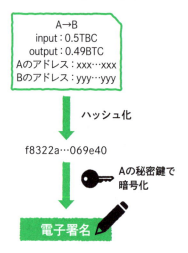

　電子署名からAさんの秘密鍵自体を復元することはできません。しかし、**Aさんの秘密鍵による暗号化は、Aさんの公開鍵を使って復号する（元に戻す）ことはできます。**

- Aさんの公開鍵を使って復号する

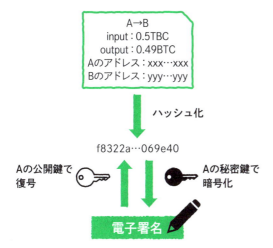

そして、Aさんはトランザクションと電子署名をセットで送ります。受け取ったBさんは、以下の手順を踏みます。

- 電子署名をAさんの公開鍵で復号（元に戻す）する。
- トランザクションをハッシュ化する。

- 2つのハッシュ値を得る

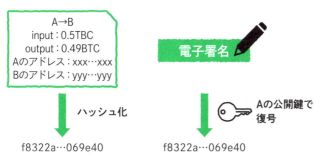

この2つが一致すれば、Bさんには以下のことがわかります。

- トランザクションの送り手はAさん本人である（なりすましではない）。
- トランザクションが改ざんされていない。

◉「なりすましではない」ことがわかる理由

Aさんの秘密鍵は、Aさん本人しか持っていません。そして、Aさんの秘密鍵で暗号化されたハッシュ値を復号できる（元に戻せる）のは、Aさんの公開鍵だけです。

すなわち、Bさんが「電子署名をAさんの公開鍵で正しいハッシュ値に戻せた」ことは、「電子署名は確かにAさんの秘密鍵により暗号化されたものだ」と判断できます。

◉「トランザクションが改ざんされていない」ことがわかる理由

もしトランザクションがBさんの手元に届くまでの間に改ざんされていたら、Bさんの手元に届いたトランザクションは当初のトランザクションと異なるので、ハッシュ値の比較結果は全く異なるはずです。つまり、逆に**最終的なハッシュ値が一致していれば、トランザクションは改ざんされていないとみなせます。**

重要なのは、電子署名から秘密鍵自体を復元することはできないが、対応する公開鍵を使って復号はできることです。これにより、Bさんは「Aさんの秘密鍵は知らないけど、このトランザクションの送信元はAさん本人、すなわち、Aさんの秘密鍵を持っているのだろう」と判断でき、当初のミッションが達成されたことになります。

- ハッシュ値の比較でわかること

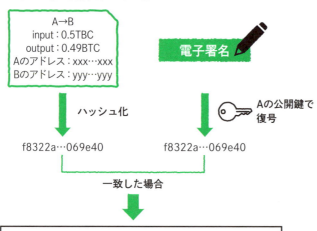

実際には、電子署名のしくみは**楕円曲線**により実現されており、**ECDSA（Eliptic Curve Digital Signature Algorithm）**と呼ばれています（秘密鍵から公開鍵を生成するしくみも、楕円曲線を使っているのでしたね）。この詳細なしくみは複雑なのでここでは割愛しますが、付録（P.263参照）で掘り下げて解説します。

参考

「量子コンピュータが発展すると、ビットコインが危険になる」といわれることがあります。これは本当でしょうか？ たとえば、A → B のアドレスに送ったビットコインが、勝手に他者に盗まれる可能性はあるのでしょうか？

答えは「YES」と「NO」の両方です。この問題を考えるためには、まず量子コンピュータの特性を理解する必要があります。

そもそも**量子コンピュータとは、「量子力学」の原理を使って、従来のコンピュータでは困難な計算を高速に解く新しいタイプのコンピュータ**です。そして、量子コンピュータが得意とする計算の1つに、因数分解があります。もし量子コンピュータが十分に発展すれば、因数分解に依存する暗号技術、特にビットコインのセキュリティを支えるECDSA（楕円曲線電子署名アルゴリズム）が破られるリスクがあります。量子コンピュータはショアのアルゴリズム（因数分解を行うための手法）を使用して、ECDSAの公開鍵から秘密鍵を数分、あるいは数秒で計算できる可能性があるのです。後述しますが、ビットコイン初期に使用されていたP2PK（Pay to Public Key）形式では、公開鍵がそのまま誰でも見える形でトランザクションに記録されます。この形式のアドレスに保管されたビットコインは、量子コンピュータが実用化された場合、確かに危険にさらされるでしょう。

では、ビットコインネットワーク全体のすべての資産が「盗み放題」になるかといえば、そうではありません。現在、ビットコイン取引で一般的に使われている**P2PKH（Pay to Public Key Hash）形式のアドレスは、ECDSAの公開鍵をSHA-256とRIPEMD-160という2つのハッシュ関数で処理したものを使用しています。**このハッシュ化により、公開鍵そのものはトランザクションで直接露出せず、量子コンピュータによる攻撃のリスクが大幅に軽減されます。

量子コンピュータの特性を考えると、ハッシュ関数の解読能力は、現代のコンピュータに比べてさほど優れているわけではありません。そのため、P2PKH形式のアドレスで送金された資産は基本的に安全と考えられます。

ただし、注意点もあります。一度送金に使われたアドレスでは公開鍵が露出するため、そのアドレスを使い続けると量子コンピュータの攻撃リスクが生じます。これを避けるため、ウォレットは送金ごとに新しいアドレスを生成する機能を備える必要があります。また、ビットコインネットワーク全体を量子コンピュータに耐えうるものにするためには、ノードソフトウェアをアップグレードし、量子耐性を持つ署名アルゴリズム（たとえば、ポスト量子暗号）を導入することで可能です。ただし、このような変更には、マイナーの大多数が賛同する必要があります。

4 トランザクションスクリプトの概要

- UTXOの本人確認が必要であることを理解する
- トランザクションスクリプトの概要を理解する

4-1 トランザクションスクリプトとは

- トランザクションスクリプトの概要を理解する

● ビットコインを使う側の本人確認をする技術

今まで解説してきた電子署名は、以下のことを受信者側で検証するための技術でした。

- トランザクションの送信者は本人か
- トランザクションは改ざんされていないか

ここから解説する**トランザクションスクリプト**は、**トランザクションの送信者が指定するUTXOを、本当にその人が使っていいかどうか？**、**使おうとしているのは本人なのか？**を検証するための技術です。いわば「お金を使おうとしている人の本人確認」の技術と考えればよいでしょう。

トランザクションスクリプト
ビットコインを使おうとしている人の本人確認を行う技術

トランザクションスクリプトの例

もう少し詳しく説明しましょう。たとえば、AさんからBさんのトランザクションを考えたとき、Aさんは送金の「元手」として、自分宛のUTXOを指定するはずです。

- **AさんがBさんへ送金する場合**

input	output
150Sat	120Sat X→A
	20Sat X→X

UTXOを指定 →

input	output
	100Sat A→B
	10Sat A→A

仮にAさんがインプットで指定するUTXOがXさんから送られてきたものだとしたときに、このUTXOをAさん以外が使えてしまっては困ります。そのため、Xさんは事前に、「UTXOがAさん以外に使われないように」仕掛けを施しています。具体的には、「Aさんでないと解除できない仕掛け」をアウトプットの中に書いておき、「この仕掛けを解除できた人（すなわちAさん）でないと、このUTXOを使うことはできません！」とロックしておくのです。**アウトプットに施錠の呪文（Aさんでないと解錠できない）をかけておく**ようなイメージです。

そして、Aさんがこのアウトプット（UTXO）を使うときは、**Xさんにより施された仕掛けを解除するための答え（Aさんしか作れない答え）**を作り、それを今度は自分が作った（送金元である）トランザクションに含めます。いわばこれは、**（Aさんしか唱えられない）Xさんによる施錠を解錠する呪文**です。

この、Xさんによるアウトプットをロックする仕掛けは**ロッキングスクリプト (locking script)** といい、Aさんによる解錠の仕掛けは**アンロッキングスクリプト (unlocking script)** と呼びます。これらを合わせて、トランザクションスクリプトと呼びます。

用語

ロッキングスクリプト
アウトプットをロックする仕掛け

アンロッキングスクリプト
アウトプットのロックを解錠する仕掛け

- Xさんがアウトプットに仕掛けを施す

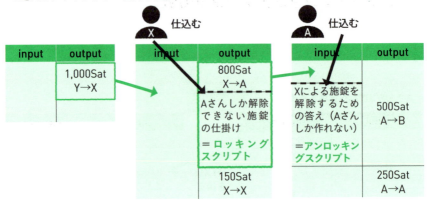

　Aさんのアンロッキングスクリプトを、Xさんのロッキングスクリプトと照合して解除に成功したら、晴れてAさんはUTXOを使えます。

- 照合により解除を行う

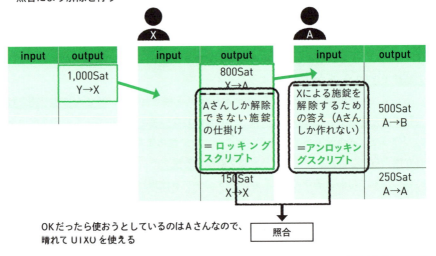

	アンロッキングスクリプトとロッキングスクリプトを照合して解除に成功したら、AさんはUTXOを使えるようになります。
重要	

　トランザクションスクリプトについては、6日目でもっと詳しいしくみを確認し、さらに、プログラムによってトランザクションスクリプトを扱う実験も行います。ここでは、概要だけ押さえておきましょう。

5 練習問題

正解は 237 ページ

問題 4-1 ★★☆

以下の 4 手順を、正しいビットコインアドレスの生成手順になるように並び替えよ。

- 公開鍵をハッシュ化
- Base58Check で変換
- 秘密鍵を作成
- 公開鍵を導出

問題 4-2 ★★★

以下はトランザクションの模式図である。

A、B、C、Dの初期残高はそれぞれ、A：300Sat、B：0Sat、C：100Sat、D：500Satである。このとき、これらのトランザクションが全て完了した後のそれぞれの残高と、マイナーに支払われたトランザクション手数料の総和を計算せよ。

 問題 4-3 ★ ☆ ☆

電子署名とは何か？　適切な選択肢を選べ。

- A. 電子文書に押印するためのスタンプ画像
- B. 電子文書の作成日時を証明するためのしくみ
- C. 電子文書に対して、作成者がなりすましでないことや改ざんされていないことを証明するための技術
- D. インターネット上で新しい口座を開設する際にのみ使われる許可証

5日目

ビットコインの送受信をしてみよう

① ビットコインの送信と受信
② BSV の送受信を行う準備
③ BSV の送受信を試してみよう
④ 練習問題

ビットコインの送信と受信

- 本章で行うビットコイン送受信の全体像を理解する
- Bitcoin SV（BSV）を理解する
- BSV の入手方法を理解する

ビットコイン送受信の全体像

- 本章で行うビットコイン送受信の全体像を理解する

　これまで、ビットコインのブロックチェーンのしくみについて述べてきましたが、いよいよ5日目からは、実際にアプリケーションを使ったりプログラムを書いたりして、ビットコインの送金を試します。

注意

本章以降、Python によるプログラムを書く機会があります。一からすべてを自力でタイピングするのは大変で、また、間違いも混入する可能性があるので、本書のサポートページ（P.2 参照）からノートブック（.ipynb ファイル）をダウンロードし、それを基にして必要な部分だけを書き換えながら進めていくことをおすすめします。

　本章で行う、ビットコインの送受信の全体像は、次の図のとおりです。

- 本書で行う操作の全体像

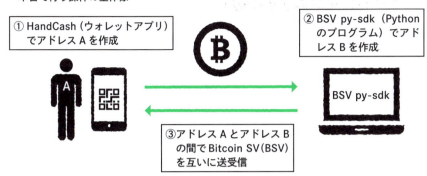

- ① HandCash（ウォレットアプリ）でアドレス A を作成
- ② BSV py-sdk（Python のプログラム）でアドレス B を作成
- ③ アドレス A とアドレス B の間で Bitcoin SV（BSV）を互いに送受信

1-2 Bitcoin SV（BSV）とは

- Bitcoin SV（BSV）を理解する
- BSV の入手方法を理解する

　一般的には「ビットコイン」と呼ばれる暗号資産は、「BTC」や「Bitcoin Core」と呼ばれるものを指します。しかし実際には、元のビットコインから派生した複数の暗号資産が存在しています。その 1 つが **Bitcoin SV（BSV）** です。

　ビットコインの派生コイン（フォーク）が生まれる理由はさまざまです。主に、ビットコインネットワークの処理能力を向上させたい、新しい機能を追加したい、あるいはビットコインの将来の方向性について意見の相違がある場合にフォークが起こります。これらの理由から、開発者たちが元のビットコインのプロトコル（ルール）に変更を加え、新しい暗号資産を作り出します。

ビットコインの派生の歴史

　ビットコインのフォーク自体は、技術的に誰でもできるわけですが、そこにユーザー（コミュニティ）がついてくるかはまた別の話です。**ビットコインの歴史において、コミュニティが分裂するような大規模なフォーク（分岐）は、これまでに2度発生しています。** これらはいずれも、ビットコインの開発方針を巡る意見の違いが原因で、コミュニティが大きく分断された事例です。特に、このフォークの主な争点は、ブロックチェーンのスケーリング問題に関する見解の違いでした。ビットコイン送受信を試す前に、この点について解説しておきましょう。

●ブロックサイズ制限の背景

　そもそもの発端は、サトシ・ナカモトが残した**ブロックサイズの制限**にあります。3日目でも学んだとおり、ビットコインではマイニングによって約10分に1回、検証されたトランザクションが1つのブロックに格納されます。この10分の間にトランザクションが増えれば増えるほど、ブロックのデータ量も増大し、ブロックサイズが大きくなります。

　ビットコインが誕生した2009年当時は、取引所も存在せず、価格も付いていない状態でした。利用者も極めて少なく、ネットワークの規模も小さいものでした。そのため、サトシはネットワークがDDoS攻撃[※1]などに脆弱であることを懸念し、10分間に処理可能なトランザクション数を制限する目的で、**ブロックサイズに1MBの制限を設けた**とされています。

●利用者増加による課題とフォークの発生

　サトシは2010年末頃にはビットコインの開発から手を引き、その後姿を消しました。しかし、2013年頃からビットコインが徐々に認知され始め、価格の上昇に伴い利用者も増加していきます。そして2016年頃になると、1MBのブロックサイズ制限が利用の増加に追いつかなくなり、トランザクションの手数料が高騰する現象が発生しました。1MBというブロックサイズは、旧式のフロッピーディスクにも収まるほどの小さな容量です。

※1　DDoS攻撃（Distributed Denial of Service attack。分散型サービス妨害攻撃）は、複数のコンピュータから大量のリクエストを一斉に送りつけることで、標的となるサーバやネットワークを過負荷状態にし、正常なサービス提供を妨害するサイバー攻撃の一種です。

ブロックの中には約 1,500 〜 2,500 件のトランザクションが格納されますが、ネットワーク全体の処理能力としては 1 秒あたりわずか 2 〜 4 件のトランザクションしか処理できません。このため、利用者が増えると混雑が発生し、**自分のトランザクションがブロックに含まれるまでの時間が長引くという問題**が起こります。さらに、マイナーは手数料が高いトランザクションを優先的にブロックに含めるため、手数料が一層高騰する状況になりました。

この**スケーリング問題**を解決する方法を巡って、2017 年にビットコインのコミュニティは分裂（フォーク）しました。一方は現在の BTC（ビットコイン）で、ライトニングネットワークと呼ばれる技術を採用し、ブロックチェーンに記録するデータ量を減らす方向性を選びました。もう一方はビットコインキャッシュ（BCH）で、単純にブロックサイズの制限を拡大する方法を推進しました。

● ビットコインキャッシュからさらに分裂へ

ビットコインキャッシュも、2018 年には**ハッシュウォー**と呼ばれる対立を経て再び分裂し、Bitcoin SV（BSV）が誕生しました。Bitcoin SV は、ビットコインのオリジナル仕様を復活させることを目的としており、さらなるスケーリング性能を追求しています。

● スケーリング論争の現状

では、スケーリング問題に関する議論では、どちらのアプローチが優れているのでしょうか？

BTC は **segWit** や **Taproot** といった複雑なアップデートを実装することで、処理能力を約 2 倍と緩やかに向上させています。しかし、2025 年 1 月 20 日時点では、BTC の平均手数料は 3.8 ドル（約 589 円）と、手数料の引き下げには至っていません。

一方で、BSV はブロックサイズを最大 4GB にまで拡大し、これは BTC の処理能力の約 2000 倍に相当します。同じく 2025 年 1 月 20 日時点では、BSV の平均手数料はわずか 0.00002 ドル（約 0.31 銭）です。さらに、BSV は全世界の人口が利用可能なスケーリング性能を目指しており、実験では 1 秒間に 100 万件以上のトランザクションを処理する性能を実現しています。

このスケーリング論争が今後どのように決着するのかは非常に興味深いテーマです。

Bitcoin SV の特徴

本書の目的は、ビットコイン技術の基礎をハンズオンで学ぶことです。そのため低コストかつ技術的にシンプルな「Bitcoin SV（BSV）」を活用します[※2]。BSV の主な特徴は以下のとおりです。

- **技術的仕様**
  シンプルで、オリジナルのビットコインに技術的に非常に近いです。
- **スケーラビリティ**
  大容量のブロックサイズを採用し、極めて高い処理能力を実現しています。手数料が非常に安いため、日常的な利用や小額決済に最適です。
- **高速な送金**
  送金が高速に行えます。
- **拡張性**
  トランザクションスクリプト（P.128 参照）の制限がほとんどなく、NFT やスマートコントラクトの導入が容易です。大きなデータを書き込むことも可能です。

これらの特徴により、BSV は日常的な取引や小額決済にも適した暗号資産となっています。高速な送金と低い手数料は、実際の使用シーンを想定した場合に大きな利点となります。

Bitcoin SV（BSV）
ビットコインから派生した暗号資産の 1 つ

<u>スマートコントラクト</u>とは、簡単にいえばトランザクションスクリプトをさらに高度化したものです。4 日目の最後にも見たとおり、従来のトランザクションスクリプトは「秘密鍵で署名されているか（送金者は本人か？）」といったシンプルな条件をチェックするだけでしたが、スマートコントラクトでは「条件が満たされたら自動でお金を送る」「特定の日時になったら実行する」など、複雑なルールを柔軟にプログラムできます。つまり、スマートコントラクトはトランザクションスクリプトを発展させ、さまざまな取引を実現するしくみといえます。

※2　実際に自分で手を動かして、ブロックチェーンに触りながら学びたい技術者にBSVはぴったりで、ビットコインの基本を学ぶにはもってこいです。BTCの高い手数料は、ブロックチェーンの導入の大きな足枷になっています。

① ビットコインの送信と受信

● 本書での BSV の活用

本書では、実際に BSV を利用して送金や受け取りを体験し、ビットコインのしくみを体感してもらいます。BSV の特徴を活かし、高速かつ低コストで簡単に送受信の実験を行うことで、暗号資産の実用性や課題をより深く理解できるでしょう。

● BSV の入手

BSV を使ってビットコインを送ったり受け取ったりの実験を行うわけですが、そのためには、BSV を自分の手元にいくらか入手しなければなりません。BSV を入手するには、以下のいずれかの方法を使うことになるでしょう。

- ① 取引所から購入する
  BSV を取り扱っている暗号資産の取引所から、BSV をいくらか購入し、自分のアドレスで受け取ることができます。取引所を利用すれば、誰でも気軽に BSV を購入できます。日本円を使って BSV を購入できる取引所は 2025 年 1 月現在、BitTrade という取引所だけです。

- ② 誰かから送ってもらう
  もう 1 つの方法は、誰かから自分のアドレス宛に BSV を送金してもらうことです。面倒な取引所での口座開設なども必要ないので、（送ってくれる知人さえいれば）非常に楽な方法です。

本書では、お金の送受信の実験を誰でも手軽に行えるように、読者限定で小額の BSV を送金しています。

② BSVの送受信を行う準備

- HandCashでアドレスを作成する
- Google Colaboratoryの準備を行う

2-1 BSVの送受信に必要な準備

- HandCashでアドレスを作成する
- Google Colaboratoryの準備を行う

● HandCash（ウォレットアプリ）でアドレスを作成する手順

　本節では、P.135の全体像のうち「HandCash（ウォレットアプリ）でアドレスAを作成」する手順と、ビットコイン送受信に必要な準備を実施します。まずは、HandCash（ウォレットアプリ）でアドレスを作成します。

　BSVの送受信を行うのに、**HandCash**というBSV用の**ウォレットアプリ**を使います。ウォレットアプリとは、暗号資産を管理し、送受信するためのスマートフォンアプリケーションです。実際の財布（ウォレット）のように、デジタルで暗号資産を保管し、使用することができます。

用語

HandCash
BSV用のウォレットアプリ
ウォレットアプリ
暗号資産を管理し、送受信するためのスマートフォンアプリケーション

　HandCashはインストールや使い方が非常に簡単で、NFTなどのデジタルデータを保存したり、購入したりすることもできます。

② BSV の送受信を行う準備

　HandCash は iOS の場合は App Store から、Android の場合は Google play からダウンロードできるので、スマートフォンでダウンロードし、アカウントを作成してください（PC でも利用できます）。アカウントを作成したら自動的に、Paymail とビットコインアドレスが生成されます。

アカウント作成後の画面（筆者はすでに BSV をいくらか持っているので、その残高がドル換算されて表示されている）

❶ ［受け取る］をタップ

　［受け取る］をタップすると、「Paymail」が表示されます。Paymail とは、ビットコインアドレスと同じように使えるメールアドレスのようなものです。Paymail 宛に送金することが可能です。

「Paymail」が表示される

また、[Legacy address] をタップすると、ビットコインアドレスが表示されます。アドレスは、QRコードと16進数で表示されます。本書では、[Legacy address] のほうを利用します。

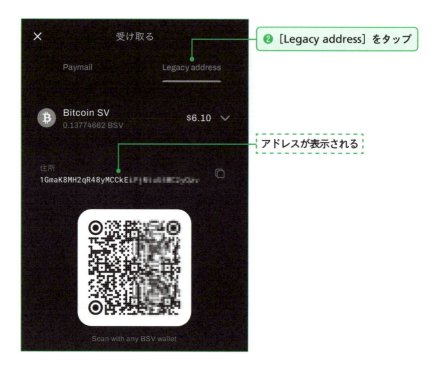

❷ [Legacy address] をタップ

アドレスが表示される

　なお、本章では、HandCash 側のアドレスを、**アドレス A** と呼ぶことにします。

BSV py-sdk

　HandCash で生成したアドレス A とやりとりをするために、**BSV py-sdk** を使ってもう1つのアドレスを生成し、この2つのアドレス間で BSV のやりとりを行います。

　BSV py-sdk は、Python というプログラミング言語を用いて BSV ブロックチェーンを操作するためのソフトウェア開発キット（SDK）です。この SDK を利用することで、プログラムを用いて BSV ネットワーク上での各種操作を実行できます。

WhatsOnChain

今まで見てきたように、BSVの送金のたびにトランザクションがネットワークにブロードキャストされ、さらにそれがマイナーによりブロックに含められ、最終的にはブロックチェーンに追加されることで送金が完了します。このチェーンに追加されたトランザクションの詳細を確認するために、ブロックチェーンエクスプローラである <u>WhatsOnChain</u> を使用します。

- WhatsOnChain
  https://whatsonchain.com/

<u>ブロックチェーンエクスプローラ</u>とは、ブロックチェーン上のすべての取引や情報を誰でも閲覧できるWebサイトのことです（今まで何度か使っている「blockchain.com」もブロックチェーンエクスプローラの1つです）。WhatsOnChainは、<u>BSV専用のブロックチェーンエクスプローラ</u>です。

WhatsOnChainを使うと、送金額、送信元アドレス、送信先アドレス、手数料などのトランザクション詳細を簡単に確認できます。また、各ブロックに含まれるトランザクション数やマイニング報酬、ブロックサイズなどのブロック情報も見ることができます。特定のBSVアドレスの残高や過去の取引履歴も閲覧可能で、新しいブロックやトランザクションもリアルタイムで確認できます。

開発者向けには、ブロックチェーンデータにアクセスするためのAPI[※3]も提供されています。これにより、プログラムからブロックチェーンの情報を取得することも可能です。

WhatsOnChainを使えば、HandCashやBSV py-sdkで行った送金の詳細を簡単に確認できます。トランザクションIDやアドレスを入力するだけで、その取引に関するすべての情報がすぐに閲覧できるので、活用していきましょう。

Google Colaboratoryの準備

次節では、Pythonというプログラミング言語でBSV py-sdkを使い、お金の送受信を行います。そのためにまずは、Pythonを使える環境を整えましょう。Pythonの環境構築のしかたには、大きく分けて以下の2通りの方法があります。

- ローカル環境を構築する（PCにPythonの実行環境をインストールする）
- クラウド環境を利用する（WebブラウザからクラウドのPython実行環境を利用する）

どちらの方法にも一長一短がありますが、ローカルにPythonの環境を構築することはそれなりに大変です。よって、本書では、有名なクラウド環境である**Google Colaboratory（グーグルコラボラトリー。以降、Colaboratory）**からPythonプログラムを実行することにします。Colaboratoryは、Googleアカウントさえあれば、無料でWebブラウザからすぐにPythonプログラムを書き始められる、非常に便利な環境です。

> 一昔前は、簡単に使えるクラウド環境がなく、ローカルに環境構築するしか、Pythonを使う方法はありませんでした。この環境構築には厄介な面もあり、環境構築だけで嫌になってしまう人も散見されていました。そう考えると、Colaboratoryは数分で環境が完成するので、いい時代になったものです。

※3 APIとは「Application Programming Interface（アプリケーション・プログラミング・インターフェース）」の略です。簡単にいえば、プログラムやアプリケーション同士が互いにやりとりするための「共通言語」や「規則」のようなものです。APIを使うと、ほかのソフトウェアやサービスの機能を自分のプログラムに簡単に組み込めます。

Colaboratory は、Google が提供するクラウド上の Jupyter Notebook 環境です。**Jupyter Notebook** とは、対話的な開発環境であり、Python などのコードを 1 行ずつ、または数行ずつ実行しながら、その結果をリアルタイムで確認できるツールです。プログラムを一気に実行するのではなく、少しずつ進めながら動作検証できるため、効率的にプログラミングを進められます。また、マークダウン記法によるドキュメント作成機能も備えており、コードと説明文を 1 つのノートブック内に記述できます。

用語

Google Colaboratory
Google が提供するクラウド上の Jupyter Notebook 環境

Jupyter Notebook
Python などのコードを 1 行ずつ、または数行ずつ実行しながら、その結果をリアルタイムで確認できるツール

Colaboratory の利用手順

Colaboratory を使用するにはまず、Google アカウントで Google ドライブにログインします。

- Google ドライブ
  https://drive.google.com/drive/u/0/home

Google アカウントを持っていない場合は新規に作成してください。

- Google アカウントの作成
  https://support.google.com/accounts/answer/27441?hl=ja

Google ドライブにフォルダを作成します。ここでは、「test」という名前のフォルダを作成します。

「test」フォルダに Colaboratory をインストールします。

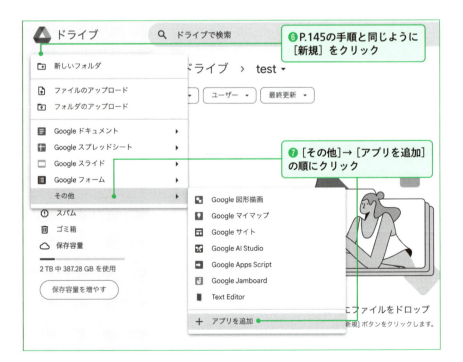

② BSV の送受信を行う準備

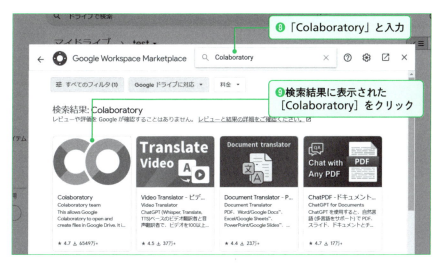

　もし、次のように「インストールを開始するには権限が必要です」と表示されたら、[続行] をクリックして、画面の指示にしたがって Google アカウントでログインしてください。

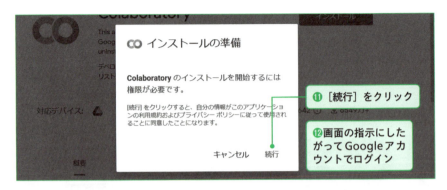
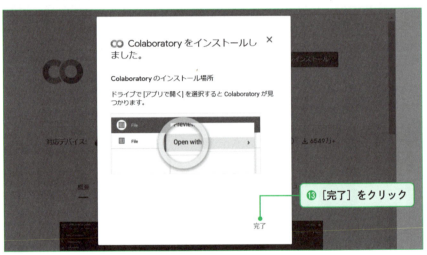

② BSV の送受信を行う準備

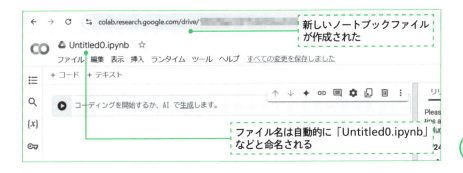

　以上の手順で、Colaboratory 上で Python を実行する準備が整います。Colaboratory で作成したノートブックファイル（.ipynb ファイル）は Google ドライブ上に保存されます。

　作成したノートブックファイルで、簡単な Python プログラムを実行してみましょう。以下のようにコードセルにコードを入力し、セルの左にある［▶］をクリックするか、Ctrl + Enter キーを押下してしばらく待ち、実行結果が表示されることを確認してください。**コードセル**とは、ノートブックファイルにおける、プログラムなどを記述する入力エリアのことです。

入力するプログラム
```
01  print("Hello World!!")
```

　続けて別のプログラムを実行したい場合は、[+コード]をクリックすると、新しいコードセルが追加されます。

BSVの送受信を試してみよう

- HandCashからpy-sdkへ送金する
- py-sdkからHandCashへ送金する

HandCashからpy-sdkへの送金

> **POINT**
> - HandCashからpy-sdkへ送金する
> - py-sdk側のアドレスの残高を確認する

● HandCash → py-sdk の送金手順

　ここからは、HandCashで生成したアドレス（A）とpy-sdkで生成したアドレスの間で、BSVの送受信を試してみましょう。まずはHandCashからpy-sdkへ送金します。

　HandCashからpy-sdkへ送金するには、以下の手順を踏む必要があります。

- ① HandCash側のアドレスでBSVを入手しておく
- ② py-sdkでアドレスを生成する
- ③ HandCashからpy-sdk側のアドレスにBSVを送金
- ④ py-sdk側のアドレスの残高を確認

● ① HandCash側のアドレスでBSVを入手しておく

　本手順は、前述したとおり、取引所から購入するか、知人から送ってもらうかのどちらかの方法で行う必要があります。本書では読者限定で小額のBSVを送金しているので、それを使っても問題ありません。

本書の読者限定特典として配布している、小額のBSVを使う場合は、本書記載の特典ページ（P.2参照）にアクセスし、インプレス会員登録→クイズへの解答（書籍の何ページになにが書いてあるか、のような問題）ののち、表示されるフォームに必要事項（ビットコインアドレス等）を記載してください。本手順を実行してもらえれば、フォームに記入されたアドレスに小額のBSVを送付します。

なお、BSVを受け取るアドレスですが、必ず、HandCashアプリから［Legacy address］をタップして出てくるアドレスを記載してください。アドレスをコピーする方法は以下の通りです。

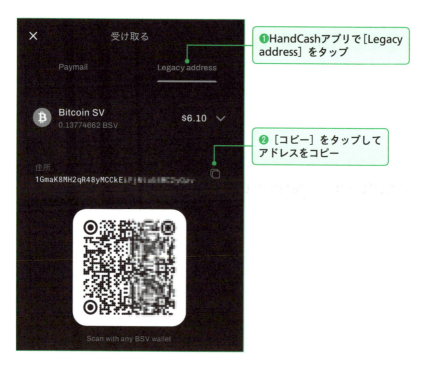

❶ HandCashアプリで［Legacy address］をタップ

❷ ［コピー］をタップしてアドレスをコピー

BSVが送付されると、HandCashアプリの画面では、P.141のように、送付された金額が表示されるはずです。

② py-sdk でアドレスを生成する

それでは、いよいよ Colaboratory 上で py-sdk を使って、アドレスを生成してみましょう。

アドレスを生成するためには、大まかには以下の手順を踏むのでしたね（P.104 参照）。

- 1：秘密鍵を生成
- 2：秘密鍵から公開鍵を生成
- 3：公開鍵からアドレスを生成

- アドレス生成の手順

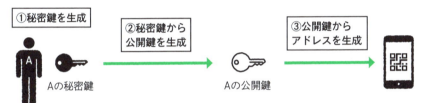

py-sdk では、細かな処理をすべてプログラムに書かなくても裏側で行ってくれるので、非常にシンプルなコードで一連の手順を実現できます。

まずは、Colaboratory のノートブック（.ipynb ファイル）を新規作成しましょう。ここでは、「BSV_py_sdk_basic_usage.ipynb」というファイル名にします。

BSV py-sdk を使用するために、まずは BSV py-sdk をインストールします。以下のように「!pip install bsv-sdk」を実行し、同様の実行結果となることを確認してください。

❸「!pip install bsv-sdk」を入力して実行

py-sdkがインストールされた

次に、必要となる機能をまとめて読み込みます。新しいコードセルで、以下のPythonプログラムを入力して実行します。

```
01  import asyncio
02  from bsv import (
03      PrivateKey, P2PKH, Transaction, TransactionInput, TransactionOutput
04  )
```

いよいよアドレスを生成しますが、まずは秘密鍵を生成する必要があります。新しいコードセルで以下のPythonプログラムを実行し、秘密鍵を生成します。

```
01  # 秘密鍵を生成
02  priv_key = PrivateKey()
03  wif_format = priv_key.wif()
04  PRIVATE_KEY = wif_format
05  
06  print(f"Private Key (WIF Format): {PRIVATE_KEY}")
```

③ BSVの送受信を試してみよう

```
# 秘密鍵を生成
priv_key = PrivateKey()
wif_format = priv_key.wif()
PRIVATE_KEY = wif_format

print(f"Private Key (WIF Format): {PRIVATE_KEY}")
```

実行結果が表示された

Private Key (WIF Format): L1mhyRQtN...

注意
生成した秘密鍵は、他の誰かに知られないよう十分注意してください。秘密鍵が他者の手に渡ると、あなたのお金が自由に使われてしまう危険性があります。

注意
秘密鍵を紛失してしまわないよう細心の注意を払って管理してください。秘密鍵を紛失すると、自分が持っている（秘密鍵に紐づいている）お金も使えなくなります。本来、秘密鍵は厳重な方法で管理する必要がありますが、本書では扱う金額は大きくならないことが想定されるので、誰にも見られないところにメモや写真で保存しておくとよいでしょう。大きな金額を扱う秘密鍵の場合は、多重にバックアップを取ったり、デジタル保存を避けたりといった、厳重な扱いが必要です。

注意
このPythonプログラムは実行するたびに新たな秘密鍵が生成されます。**一度目に生成された秘密鍵の値は、二度目にプログラムを実行すると、新たな値で上書きされて消えてしまうので注意**してください。一度生成した秘密鍵は何度も使うことが想定されるので、メモなどでバックアップしておきましょう。

参考
本プログラムでは、秘密鍵の値を単なる乱数として生成したあとに、**WIF（Wallet Import Format）**という形式に変換してPRIVATE_KEYとして保持しています。WIFとは秘密鍵を人間が扱いやすいように変換したフォーマットであり、もともと長くて扱いにくい16進数である秘密鍵を圧縮して、Base58Checkエンコードという形式で短縮し、扱いやすくしたものです。WIFは、通常52文字の英数字で構成され、冒頭が「5」または「K」「L」で始まります。この形式により、人間が取り扱いやすく、Base58Checkによる誤り検出もでき、かつ、さまざまなソフトウェア間で互換性があるので、秘密鍵のバックアップやインポートする際に使用できます。WIFも、秘密鍵と同様、他者に公開してはいけません。

新しいコードセルで次のコードを実行すると、秘密鍵に対応するアドレスが生成されます。

```
01  # 対応するアドレスを生成
02  address = priv_key.address()
03  print(f"Your Address: {address}")
```

py-sdk側で生成したこのアドレスを、**アドレスB**と呼ぶことにしましょう。

③ HandCashからpy-sdk側のアドレスにBSVを送金

あとは、HandCashから、py-sdkで生成したアドレスBにBSVを送金します。

❶HandCashを開き［送信］をタップ

③ BSVの送受信を試してみよう

❷送金額と(py-sdkで生成した)アドレス(B)を入力

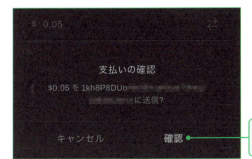

❸支払い確認が出たら、アドレスと送金額を確認して[確認]をタップ

送金が完了した

5日目 ビットコインの送受信をしてみよう

④ py-sdk 側のアドレスの残高を確認

py-sdk 側のアドレス（B）に BSV を送金したので、残高を確認します。残高を確認する方法は 2 通りあります。どちらの方法を使っても構いません。

方法① WhatsOnChainの画面で残高を確認

1 つ目は、WhatsOnChain の画面で残高を確認する方法です。

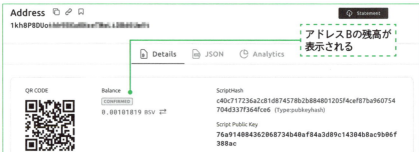

方法② WhatsOnChainのAPIを使ってプログラム上で残高を確認

2 つ目は、WhatsOnChain の API を使ってプログラム上で残高を確認する方法です。Colaboratory の新しいコードセルで以下のプログラムを実行します。

```
01  import requests
02
03  def get_balance(address):
04      # WhatsonchainのAPIを使って残高を取得
05      url = f'https://api.whatsonchain.com/v1/bsv/main/address/{address}/balance'
06
07      # APIリクエストを送信
08      response = requests.get(url)
```

```
09
10      # 成功した場合は残高を表示
11      if response.status_code == 200:
12          balance_info = response.json()
13          balance = balance_info['confirmed']  # satoshiで残高を取得
14          balance_bsv = balance / 1e8  # satoshi -> BSVに変換
15          print(f"アドレス: {address} の残高: {balance} satoshi ({balance_bsv} BSV)")
16      else:
17          print(f"Error fetching balance: {response.status_code}")
18
19  # 調べたいアドレスを入力
20  address = 【アドレス】          ← 実際のアドレスBで置き換え
21
22  # 残高を取得
23  get_balance(address)
```

WhatsOnChainのAPIにより、アドレスBの残高が取得された

どちらの方法で残高を取得しても、HandCashからの送金がうまくいっていることが確認できます。これで、HandCash → py-sdk の送金は完了です。

- HandCash→py-sdkの送金

なお、どちらの方法も、残高が反映されるまで少し時間がかかります。これは、送金のトランザクションがマイニングされてブロックに含められるまでに時間がかかるからです。残高が全然反映されない、という場合は、10分～20分程度ゆっくりと待ちましょう。

3-2 py-sdk から HandCash への送金

- py-sdk から HandCash へ送金する
- HandCash 側のアドレスの残高を確認する

● py-sdk → HandCash の送金手順

次は逆方向の送金を試してみましょう。ここでは、py-sdk 側（アドレス B）から HandCash 側（アドレス A）への送金の元手は、先ほど HandCash 側から送ったものを使うことにします。

py-sdk から HandCash への送金は、以下の手順で行います。

- ① 先ほどの送金トランザクションを探す
- ② 送金に使う UTXO を決める
- ③ Raw Tx をダウンロードして SOURCE_TX_HEX に指定
- ④ トランザクションを作成してブロードキャスト
- ⑤ トランザクションのブロードキャストを確認
- ⑥ 残高の移動を確認

● ① 先ほどの送金トランザクションを探す

py-sdk 側から送金するには、その元手となる UTXO を含むトランザクションを指定する必要があります。P.156 で HandCash 側から py-sdk 側に行った送金のトランザクションを指定したいところですが、まずは、そのトランザクションの情報を取得するために、WhatsOnChain にアドレス B を入力します。

③ BSVの送受信を試してみよう

② 送金に使うUTXOを決める

　トランザクションをクリックすると、次のように、トランザクションの詳細な情報が表示されます。「Outputs」のすぐ下にあるのが、P.156で、アドレスA→アドレスBの送金で発生したUTXO（#0はアウトプットのインデックス番号）なので、今回はこれを使います。

py-sdk では、以下の手順を踏み、元手となる UTXO を指定します。

- このトランザクションの Raw Tx をダウンロードし、プログラム内に貼り付けて指定
- 使う UTXO のインデックス番号をプログラム内で指定

③ Raw Tx をダウンロードして SOURCE_TX_HEX に指定

Raw Tx とは、トランザクションを丸ごと長い 16 進数に変換したもので、トランザクションの情報がすべて含まれています。Raw Tx は［Raw Tx］をクリックすることでダウンロードできます。

Raw Tx
トランザクションを丸ごと長い 16 進数に変換したもの。トランザクションの情報がすべて含まれている

③ BSV の送受信を試してみよう

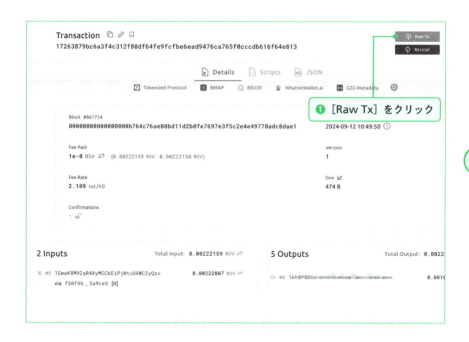

❶ [Raw Tx] をクリック

Raw Tx をダウンロードし、適当なアプリケーションで開くと、以下のように長い 16 進数が見えるはずです。

このように、UTXOを含むトランザクションのRaw Txを入手したら、以下のように、新しいコードセルでSOURCE_TX_HEXに指定します。

```
01  # 元手とするUTXOを含むトランザクションのRaw Txを指定
02  SOURCE_TX_HEX = '0100000002e59c5ac8ce8dada64c0db4b21...0001976a914d68c
    9c821809679cc4960e858f74465fb1eff2f588ac00000000'
```

❷ Raw TxをSOURCE_TX_HEXに指定する

注意 Raw Txは長いので間を「...」で省略していますが、実際は省略せず、かつ、改行もせずに貼り付けてください。

④ トランザクションを作成してブロードキャスト

次に、以下のプログラムを完成させて新しいコードセルで実行し、アドレスB → アドレスAへのトランザクションを作成してブロードキャストします。今回は、50,000Satを送金します。その際、プログラム6行目の【秘密鍵】の部分をP.155の秘密鍵に、プログラム17行目の【アドレス】の部分をアドレスAに書き換えてから、実行してください。

```
01  import nest_asyncio
02  
03  nest_asyncio.apply()  # これで既存のイベントループでasyncioを使用可能にする
04  
05  async def create_and_broadcast_transaction():
06      priv_key = PrivateKey(【秘密鍵】)         ← 【秘密鍵】のところに秘密鍵を貼り付ける
07      source_tx = Transaction.from_hex(SOURCE_TX_HEX)
08  
09      tx_input = TransactionInput(
10          source_transaction=source_tx,
11          source_txid=source_tx.txid(),
12          source_output_index=0,
13          unlocking_script_template=P2PKH().unlock(priv_key),
14      )
```

③ BSV の送受信を試してみよう

```
15
16    tx_output = TransactionOutput(
17        locking_script=P2PKH().lock( 【アドレス】 ),     ← 送信先アドレスA
18        satoshis =  50000,        ← 送信額の指定          を貼り付ける
19        change=False
20    )
21
22
23    tx_output_change = TransactionOutput(
24        locking_script=P2PKH().lock(address),
25        change=True
26    )
27
28    tx = Transaction([tx_input], [tx_output, tx_output_change],
      version=1)
29
30    tx.fee()
31    tx.sign()
32
33    response = await tx.broadcast()
34    print(f"Broadcast Response: {response}")
35
36    print(f"Transaction ID: {tx.txid()}")
37    print(f"Raw hex: {tx.hex()}")
38
39  if __name__ == "__main__":
40      asyncio.run(create_and_broadcast_transaction())
```

　長くてややこしそうに見えるプログラムですが、大まかに、次の構造を押さえてお
きましょう。

165

```
import nest_asyncio

nest_asyncio.apply()  # これで既存のイベントループでasyncioを使用可能にする

async def create_and_broadcast_transaction():
    priv_key = PrivateKey('L1mhyRQtN1U6vQtjH              9r
    source_tx = Transaction.from_hex(SOURCE_TX_HEX)
```
― 秘密鍵と UTXO を含むトランザクションを指定

```
    tx_input = TransactionInput(
        source_transaction=source_tx,
        source_txid=source_tx.txid(),
        source_output_index=0,
        unlocking_script_template=P2PKH().unlock(priv_key),
    )
```
― UTXO からインプットを作成

```
    tx_output = TransactionOutput(
        locking_script=P2PKH().lock('1GmaK8MH2qR4            '),
        satoshis = 50000,
        change=False
    )
```
― アドレス A へのアウトプットを作成

```
    tx_output_change = TransactionOutput(
        locking_script=P2PKH().lock(address),
        change=True
    )
```
― 自分自身(アドレス B)へのお釣りのアウトプットを作成

```
    tx = Transaction([tx_input], [tx_output, tx_output_change], version=1)
```
― インプット、アウトプットをまとめてトランザクションを作成

```
    tx.fee()
    tx.sign()
```
― 手数料、署名を自動的に設定

```
    response = await tx.broadcast()
    print(f"Broadcast Response: {response}")

    print(f"Transaction ID: {tx.txid()}")
    print(f"Raw hex: {tx.hex()}")
```
― トランザクションをブロードキャストし、その情報(ブロードキャストの成否、ID、Raw Tx)を表示

```
if __name__ == "__main__":
    asyncio.run(create_and_broadcast_transaction())
```
― これらの一連の処理を実行

```
if __name__ == "__main__":
    asyncio.run(create_and_broadcast_transaction())

Broadcast Response: <bsv.broadcaster.BroadcastResponse object at 0x7d9f523afd30>
Transaction ID: 522488a60b9c500f3b10eb8e4671b6c754b5f6a01bd8918aa508a22e84123190
Raw hex: 010000000113e8646f61dbcc0c5f76ca7694ad6ebecf9ffe64df802f314c3f6abc79382617000000006b483045022100dc8d0f00
```
― 実行結果が表示された

　実行結果に「BroadcastResponse object at 〜」と表示されれば成功ですが、「Broadcast Failure 〜」と表示される場合は、トランザクションのブロードキャストに失敗しています。だいたい、使用する UTXO に対して送金しようとしている金額 (Satoshi) が多すぎることが原因なことが多いので、失敗したときは、プログラムの中の「satoshis = 50000」の 50000 を 20000 や 10000 に変更して再チャレンジしてみてください。

③ BSVの送受信を試してみよう

⑤ トランザクションのブロードキャストを確認

　先ほどの実行結果に表示されているトランザクションID（Transaction ID）をWhatsOnChainに入力して探し、トランザクションの中身を見て、ブロードキャストされていることを確認します。

❶WhatsOnChainでP.166の実行結果で表示されたTransaction IDを検索

❷検索結果で表示されたトランザクションをクリック

このような表示になれば成功

 注意　Statusのところに「UNCONFIRMED」と表示されている場合は、まだトランザクションがブロックに取り込まれていない状態を表します。この場合、ブロードキャスト自体はうまくいっているので、マイナーが頑張ってくれることを祈りながら、「UNCONFIRMED」が消えるまで待ちましょう（数分待てばだいたい、トランザクションはブロックに取り込まれます）。

- Statusが「UNCONFIRMED」

5日目 ビットコインの送受信をしてみよう

167

⑥ 残高の移動を確認

最後に、送金がうまくいき、残高が正しく移動したことを確認してみましょう。

●アドレスA（HandCash）を確認

HandCash の画面上に、お金が増えた履歴が表示されれば成功です（出てこない場合は何度かリロードしてみましょう）。

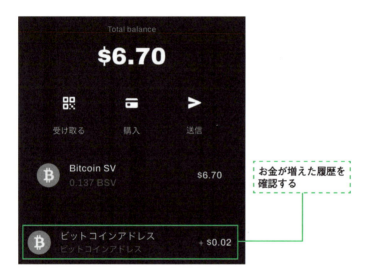

お金が増えた履歴を確認する

●アドレスB（py-sdk）を確認

プログラムで確認したい場合は、P.158 の、残高確認のプログラムを再度実行して確認しましょう。

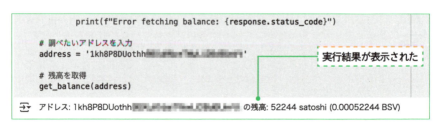

実行結果が表示された

確かに、アドレス B からアドレス A にお金が移動していますね。これで、py-sdk → HandCash の送金は完了です。

- py-sdk→HandCashの送金

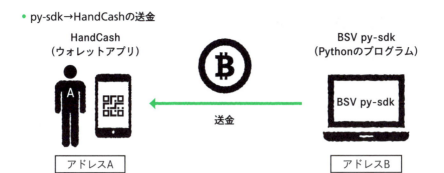

　これで、HandCashとpy-sdkを使用したビットコインの送受信チュートリアルは終了です。実際にプログラムを通じてビットコインを扱ってみることで、今までに学んできたさまざまな理論が、頭の中でさらに実感に変わってきたのではないでしょうか。

4 練習問題

正解は 241 ページ

問題 5-1 ★★★

　もう1つ新しいアドレス（アドレスCとする）を作成し、本文中で作成したアドレス（アドレスB）から、いくらかのBSVを送金してみよ。また、WhatsOnChainでトランザクションを確認し、しばらく待って「UNCONFIRMED」が消えたらアドレスCの残高が増えたことを確認してみよ。

6日目

トランザクション
スクリプト

① トランザクションスクリプトの解析
② スクリプトを py-sdk で検証する
③ 練習問題

トランザクションスクリプトの解析

- トランザクションスクリプトを理解する
- P2PK、P2PKH について理解する

1-1 トランザクションスクリプトの復習

- トランザクションスクリプトの概要を復習する

トランザクションスクリプトのおさらい

　トランザクションスクリプトの概要については、4日目で解説しました。振り返っておくと、お金の送信者が「受信者本人しか使えないように」アウトプットにロックをかけるのがロッキングスクリプト、UTXO を使う人（お金の受信者）が「そのロックを解除」するのがアンロッキングスクリプトでしたね。

　たとえば、送信者の X さんは、受信者の A さんしか解除できない仕掛けを（A さん宛の）アウトプットに仕込み、A さんは X さんの仕掛けを解除する（A さんしか書けない）解錠呪文をインプットに書き込みます。

① トランザクションスクリプトの解析

- Xさんがアウトプットに仕掛けを施す

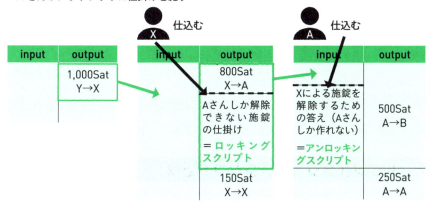

これらが正しく照合できれば、Aさんは晴れてXさんからのUTXOを使うことができます。

- 照合により解除を行う

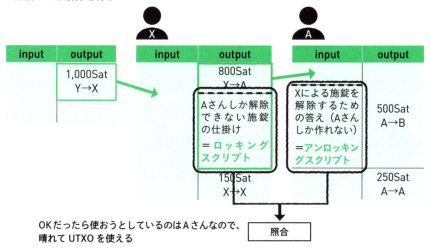

本章では、もう少し詳しくトランザクションスクリプトについて掘り下げて解説します。さらに、py-sdkを使って簡単なトランザクションスクリプトも扱います。

1-2 トランザクションスクリプトの照合

- トランザクションスクリプトを理解する
- スクリプトの解析によりUTXOの本人確認ができることを理解する

● トランザクションスクリプトとは

　ロッキングスクリプトとアンロッキングスクリプトが正しく照合できればUTXOを使えることを解説したので、より具体的な照合方法を見ていきましょう。

　ロッキングスクリプトとアンロッキングスクリプトを照合するときは、ロッキングスクリプトとアンロッキングスクリプトを結合します。これを**トランザクションスクリプト（スクリプト）**と呼びます。

- トランザクションスクリプト（スクリプト）

アンロッキングスクリプト	ロッキングスクリプト

用語　トランザクションスクリプト（スクリプト）
ロッキングスクリプトとアンロッキングスクリプトを結合したもの

　スクリプトは、スクリプト言語として解析されます。**解析結果としてTrueが返されれば照合成功（すなわち、AさんがUTXOを使える）、そうでなければ照合失敗（AさんはUTXOを使えない）**となります。

● スクリプトタイプ

　ロッキングスクリプトとアンロッキングスクリプトを照合することで、UTXOの本人確認ができますが、そもそも、送信者が思っている照合のルールと、受信者が思っている照合のルールが違っていたら、仮に受信者が本人であったとしても、**照合はう**

まくいきません[※1]。

このルールのことを、**スクリプトタイプ**と呼びます。「お互いルールに則ってロッキングスクリプトとアンロッキングスクリプトを書きましょう」と決めて使う、共通のスクリプトの型です。スクリプトタイプにはさまざまな種類がありますが、本書では基本的な、以下のスクリプトタイプについて紹介します。

- P2PK（Pay to Public Key）
- P2PKH（Pay to Public Key Hash）

スクリプトタイプ
ロッキングスクリプトとアンロッキングスクリプトを書くためのルール

● スクリプトタイプの種類〜 P2PK

ロッキングスクリプトとアンロッキングスクリプトは、以下の要素により構成されています。

- 公開鍵、署名などの要素（公開鍵を < publickey >、署名を < signature > などのように表す）
- 特定の操作を表す**オプコード**と呼ばれる命令（OP_ から始まり、さまざまな操作を表す）

オプコード
OP_ から始まる、特定の操作を表す命令

ロッキングスクリプト、アンロッキングスクリプトは、公開鍵、署名などの要素や、オプコードによって構成されています。

※1 送信者であるXさんが、受信者であるAさんに「Aさんである証拠を言ってほしい」と要求し、仮にAさんが本人である証拠を正しく言っていたとしましょう。しかしたとえば、Xさんが日本語を、Aさんがフランス語を喋っていたら、Aさんが正しく証拠を言えているかどうかは関係なく、そもそも照合はうまくいきません。お互いが統一されたルールを守って初めて「Aさんが本人かどうか」を検証できます。

P2PK(Pay to Public Key)は最もシンプルなスクリプトタイプであり、P2PKでは、ロッキングスクリプト、アンロッキングスクリプトは以下のように構成されます。

- ロッキングスクリプト
  < publickey > | OP_CHECKSIG
- アンロッキングスクリプト
  < signature >

◉ <publickey>

ロッキングスクリプトの< publickey >には、送信者が受信者の公開鍵を入れます。

◉ OP_CHECKSIG

OP_CHECKSIGは、オプコードの一種です。OP_CHECKSIGは、「< publickey >と< signature >が正しく合うかを検証し、合うならTrue（真）、合わないならFalse（偽）を結果として返す」という命令ですが、詳しくは後ほど解説します[※2]。

◉ <signature>

アンロッキングスクリプトの< signature >には、受信者が受信者自身の署名を入れます。

● P2PKにおけるスクリプトの解析

ロッキングスクリプトは「アウトプット施錠」の呪文、アンロッキングスクリプトは「アウトプットの解錠」の呪文です。先ほどの例では、これらが正しく照合されれば、無事にXさんからのUTXOを、Aさんは次のトランザクションの元手として使えます。

※2　<publickey>（公開鍵）で<signature>（署名）を復号化し、トランザクションをハッシュ化したものと比較して、それが一致すれば、<publickey>（公開鍵）の持ち主と<signature>（署名）の作成者は同一であると判断できるのでしたね。

ここでは、この**照合（スクリプトの解析）**を、具体的にどのように行うかを見ていきます。全体の流れは、以下のとおりです。

- ① スクリプトの作成
- ② スタックにスクリプトの要素をプッシュしていく
- ③ 照合結果を確認

重要　ロッキングスクリプトとアンロッキングスクリプトを照合することを、スクリプトの解析と呼びます。

① スクリプトの作成

まず、アンロッキングスクリプト、ロッキングスクリプトの順に結合して、スクリプトを作成します。P2PKの場合、スクリプトは以下のようになります。

- P2PKの場合のスクリプト

② スタックにスクリプトの要素をプッシュしていく

スクリプトができたら、その構成要素を左から順番に、スタックにプッシュしていきます。

スタック（stack）とは、データを順番に1つずつ積み重ねていき、データを取り出すときは一番最後に入れたデータから取り出す**データ構造**の一種です。最後に入れたデータから取り出すことから、LIFO（Last In First Out）とも呼ばれます。スタックにデータを入れることは**プッシュ（push）**、取り出すことは**ポップ（pop）**といいます。

- スタックとは

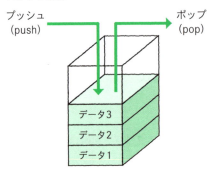

スタック（stack）
データを順番に1つずつ積み重ねていき、データを取り出すときは一番最後に入れたデータから取り出すデータ構造
プッシュ（push）
スタックにデータを入れること
ポップ（pop）
スタックからデータを取り出すこと

　スタックには、スクリプトの左から要素をプッシュしていくので、まず＜ signature ＞をプッシュします。次に、＜ publickey ＞、OP_CHECKSIG をプッシュします。

- スクリプトの左から要素をプッシュ

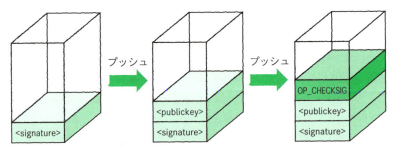

　ここで、OP_CHECKSIG がどのように動くのかがポイントです。前述したとおり、OP_CHECKSIG はオプコードと呼ばれる、特定の操作を表す命令です。OP_CHECKSIG はスタックにプッシュされたとき、次の操作を行います。

- スタックから要素を2つ（公開鍵＜publickey＞と署名＜signature＞）ポップし、公開鍵と署名を検証する。
- 検証に成功したらTrue、失敗ならFalseをプッシュする。

- OP_CHECKSIGは特定の操作を表す命令

①スタックから要素を2つ（公開鍵＜publickey＞と署名＜signature＞）ポップする。

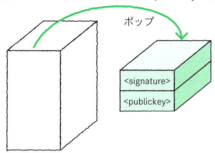

②公開鍵と署名を検証する。

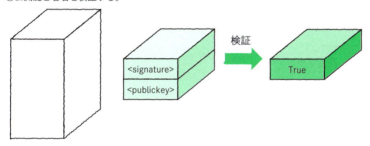

③検証に成功したらTrue、失敗ならFalseをプッシュする。

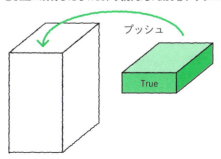

③ 照合結果を確認

最終的にスタックに True が残ったら、ロッキングスクリプトとアンロッキングスクリプトは「照合成功」、そうでなければ「照合失敗」です。

以上が、トランザクションスクリプトの照合の手順です。

P2PK のスクリプトの解析では、結局は「X さんのアウトプットに埋め込まれたロッキングスクリプトの中に書いてある< publickey >（A さんの公開鍵）」が、「A さんのインプット（X さんのアウトプット。つまり、UTXO）に埋め込まれたアンロッキングスクリプトの中に書いてある< signature >（A さんの署名）」と合うのかを確認しています。すなわち、今アウトプットを使おうとしている人は、A さんの署名を持っているのかを確認することと全く同じです。

- 公開鍵と署名を照合している

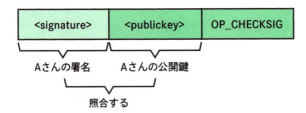

ここまでの手順を見ると「このような面倒なことをしなくても、公開鍵と署名をそれぞれに埋め込んでおいて、それを検証するルールにすればいいのでは？」と思う読者がいるかもしれません。

確かに、P2PK においてはそうです。しかし、あえてこの「スクリプトをスタックを使って解析する」方法を採用することで、P2PK ではない、もっと高度な本人確認を、ロッキングスクリプトとアンロッキングスクリプトのルール（つまり、スクリプトタイプ）を変えるだけで実現できます。

その例として、次は P2PKH を見ていきます。

① トランザクションスクリプトの解析

スクリプトタイプの種類～ P2PKH

P2PK では、A さんの公開鍵< publickey >を、ロッキングスクリプトの中に直接埋め込んでいました。公開鍵は第三者に見えても問題がない情報ではありますが、この方法では、以下の問題点があります。

- プライバシーの懸念：公開鍵が直接見えることで、特定のアドレスの取引履歴を追跡しやすくなります。
- セキュリティリスク：量子コンピュータ（P.127 参照）などの発展や、数学的理論の発達により、将来的に公開鍵から秘密鍵を復元されてしまうかもしれません。
- 公開鍵は長い：公開鍵は比較的長いので、おのずとロッキングスクリプトも長くなってしまいます。

P2PKH（Pay to Public Key Hash）では、公開鍵そのものではなく、**公開鍵のハッシュ値（公開鍵ハッシュ）** を使用することで、上記の問題点を大幅に改善しています。

P2PKH のロッキングスクリプトとアンロッキングスクリプトは、以下のように構成されます。

- ロッキングスクリプト
  OP_DUP | OP_HASH160 | < pubkeyhash > | OP_EQUALVERIFY | OP_CHECKSIG
- アンロッキングスクリプト
  < signature > | < publickey >

P2PKH のオプコードは、以下のとおりです。

- P2PKHのオプコード

オプコード	意味
OP_DUP	スタックトップ（スタックの一番上の要素）を複製する
OP_HASH160	スタックトップに対して、SHA-256→RIPEMD-160の順に、二重ハッシュ化する
OP_EQUALVERIFY	スタックのトップ2つの要素を比較し、等しければ2要素を削除して続行、等しくなければ解析失敗として終了

181

P2PKHにおけるスクリプトの解析

P.181を見る限り、P2PKHでは、P2PKよりも長くて複雑なスクリプトになりそうですが、実際の検証手順を見てみれば、このロッキングスクリプトとアンロッキングスクリプトの意味がわかるはずです。P2PKHのスクリプトを解析してみましょう。

① スクリプトの作成

P2PKのときと同様、アンロッキングスクリプト、ロッキングスクリプトの順に結合してスクリプトを作ります。

- P2PKHの場合のスクリプト

なお、< pubkeyhash >は、< publickey >をSHA-256 → RIPEMD-160の順に、二重ハッシュ化したものです。

② スタックにスクリプトの要素をプッシュしていく

スクリプトができたら、構成要素を左から順番に、スタックにプッシュしていきます。まず、< signature >、< publickey >をプッシュします。

① トランザクションスクリプトの解析

- スクリプトの左から要素をプッシュ

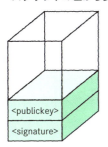

次に、OP_DUP をプッシュすると、OP_DUP により、スタックトップ（スタックの一番上の要素のこと。ここでは< publickey >）が複製されます。

- OP_DUPは「スタックトップを複製する」

次に、OP_HASH160 をプッシュし、OP_HASH160 により、スタックトップ（< publickey >）が SHA-256 → RIPEMD-160 の順に二重ハッシュ化されます。

- OP_HASH160は「スタックトップを二重ハッシュ化する」

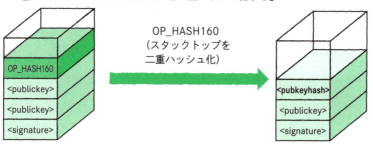

次に< pubkeyhash >をプッシュします。

- <pubkeyhash>をプッシュ

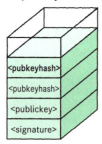

次に OP_EQUALVERIFY をプッシュします。OP_EQUALVERIFY により、スタックの上から2要素が比較され、等しければスタックからそれらがポップされます。

- OP_EQUALVERIFYは「スタックの上から2要素を比較」

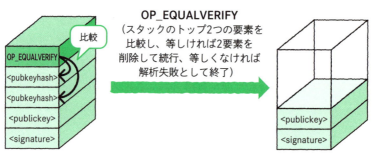

そして最後に OP_CHECKSIG をプッシュし、< publickey >と< signature >が検証されます。検証に成功すれば、晴れてスタックには True だけが残り、スクリプトの解析（本人確認）が完了します。

- **OP_CHECKSIGで検証**

このように、**P2PKH は、公開鍵のかわりに公開鍵ハッシュを使って、UTXO の本人確認を行うところが特徴**です。

参考

P2PKH では、ロッキングスクリプトで公開鍵のかわりに公開鍵ハッシュを使っていますが、アンロッキングスクリプトには< publickey >（公開鍵）が入っています。そのため、P2PK と何も変わらないように見えるかもしれません。しかし、これでいいのです。その理由は、ロッキングスクリプトとアンロッキングスクリプトの性質の違いにあります。

ロッキングスクリプトはアウトプットに埋め込まれ、そのアウトプットが「誰かに使われる」のを待ち、未使用の UTXO として世界中から見えるところに置きっ放しになります。ここに公開鍵がそのまま埋め込まれていたら、この公開鍵はずっと世界中から閲覧できる状態です。これではリスクがあるので、P2PKH では公開鍵ハッシュに置き換えます。

しかし、アンロッキングスクリプトは、A さんが UTXO を使おうと思い立ち、トランザクションを作って実際に使うタイミングにならないと、そもそも生成されません。つまり、アンロッキングスクリプトのほうが、世界中から「見られている」時間は圧倒的に短いです。そのため、アンロッキングスクリプトではリスクがそこまで大きくないので、公開鍵がそのまま入っていても問題はないといえるでしょう。

現在、ビットコインの取引では、P2PKH が主流で使われています。このほかにもスクリプトタイプはいくつもありますが、本書では基本的かつ重要な P2PK、P2PKH の紹介にとどめます。

> P2PKH では、ロッキングスクリプトで公開鍵のかわりに公開鍵ハッシュを使うことで、セキュリティリスクを低減しています。現在、ビットコインの取引では、スクリプトタイプには P2PKH が主流で使われています。

② スクリプトを py-sdk で検証する

2 スクリプトを py-sdk で検証する

- スクリプトの照合を行う方法を理解する
- 実際に試すことでスクリプトの照合について理解を深める

2-1 簡単なスクリプトで検証

- 簡単なスクリプトで照合の検証を行う

簡単なスクリプトで検証（照合成功の例）

さっそく、py-sdk（P.142 参照）でスクリプトを書いて検証したいところですが、P2PK や P2PKH のように、公開鍵や公開鍵ハッシュ、署名を含むスクリプトはやや複雑です。そのためまずは、もう少し単純な以下のスクリプトで検証してみましょう。

- ロッキングスクリプト
  OP_3 OP_ADD OP_7 OP_EQUAL
- アンロッキングスクリプト
  OP_4

オプコードは、次のとおりです。

187

- **本スクリプトのオプコード**

オプコード	意味
OP_n（nは整数）	nをスタックにプッシュする
OP_ADD	スタックから2つの要素をポップし、足した値をスタックにプッシュする
OP_EQUAL	スタックから2つの要素をポップし、値が等しければスタックにTrueをプッシュ、そうでなければFalseをプッシュする

　ロッキングスクリプトとアンロッキングスクリプトを結合して、スクリプトを作ってみると以下のようになります。

- **この場合のスクリプト**

　スクリプトをスタックに左から順にプッシュしてゆき、最終的に True が残るかどうかを先に確かめてみましょう。スタックの状態は以下のように変化していきます。

- **「OP4 OP3 OP_ADD」で4と3とオプコードをプッシュ**

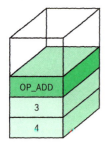

- 「OP_ADD」

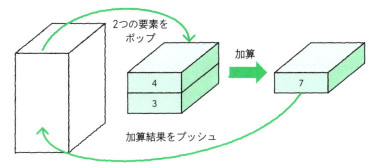

- 「OP_7 OP_EQUAL」

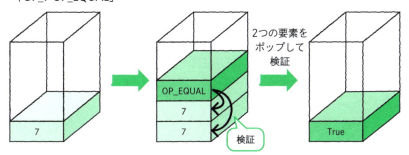

　結果、最終的にTrueだけがスタックに残りました。すなわち、照合成功ですね。検証の流れをみると、「4と3を足したら7になるかどうか」を検証しているスクリプトだとわかります。これをpy-sdkで扱ってみましょう。

　まず、Google Colaboratory（P.144参照）で、以下のようにロッキングスクリプトとアンロッキングスクリプトを書いてみましょう。

　ここでは、「script_practice.ipynb」というファイル名にします。

```
01  from bsv import Spend, Script
02
03  locking_sc = Script.from_asm('OP_3 OP_ADD OP_7 OP_EQUAL')   ← ロッキングスクリプト
04  unlocking_sc = Script.from_asm('OP_4')   ← アンロッキングスクリプト
```

注意　新しいノートブックを作成しても、5日目に使ったノートブックの続きにコードセルを追加して書いても問題ありませんが、新しいノートブックを作った場合は、**最初に !pip install bsv-sdk の実行を忘れないでください。**

そして、新しいコードセルで以下のプログラムを実行すると、実行結果として「Verified: True」が出力されます。これは、「スクリプトを検証した結果は True です」の意味です。つまり、ロッキングスクリプトとアンロッキングスクリプトの照合は成功したことを表します。

```
spend = Spend({
    'sourceTXID': '00' * 32,
    'sourceOutputIndex': 0,
    'sourceSatoshis': 1,

    'lockingScript': locking_sc,

    'transactionVersion': 1,
    'otherInputs': [],
    'outputs': [],
    'inputIndex': 0,

    'unlockingScript': unlocking_sc,

    'inputSequence': 0xffffffff,
    'lockTime': 0,
})

valid = spend.validate()

print('Verified:', valid)
assert valid
```

- 実行結果

```
print('Verified:', valid)
assert valid
```
Verified: True

実行結果で「True」が表示される

② スクリプトを py-sdk で検証する

簡単なスクリプトで検証（照合失敗の例）

このように、py-sdk を使うと、スクリプトを書いたり、検証したりが簡単にできます。もう 1 つテストとして、検証に失敗するパターンを 1 つ見ておきましょう。

- ロッキングスクリプト
  OP_3 OP_ADD OP_4 OP_EQUAL
- アンロッキングスクリプト
  OP_7

詳細なスタックの動きを追いかけるのは省略しますが、これらから作成できるスクリプトは、先ほどの例と同様に「7 と 3 を足したら 4 になるか？」を検証するスクリプトです。そのため、検証結果は False となるはずです。実際に py-sdk を使って検証してみましょう。最初に検証を行ったプログラムの locking_sc と unlocking_sc を書き換えただけです。

```
01  from bsv import Spend, Script
02
03  locking_sc = Script.from_asm('OP_3 OP_ADD OP_4 OP_EQUAL')  ← 書き換える
04  unlocking_sc = Script.from_asm('OP_7')  ← 書き換える
```

上記のプログラムを新しいコードセルに貼り付け、実行してください。そして、P.190 のプログラムも新しいコードセルに貼り付け、実行してください。すると、以下のようなエラーが発生するはずです。

- エラー画面

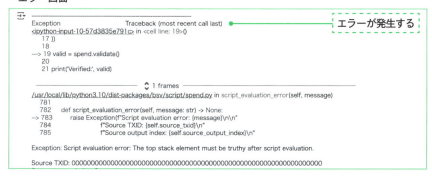

エラーメッセージには「Exception: Script evaluation error: The top stack element must be truthy after script evaluation.」とあります。これは、「スクリプトの検証後、スタックトップは真（True）でなければなりません」という意味なので、照合に失敗したことがわかります。

2-2 P2PKでのスクリプト検証

- P2PKでロッキングスクリプトとアンロッキングスクリプトの照合を検証する

● P2PKでのスクリプト検証

次は、実際のビットコインの取引でも使われるP2PKでも検証してみましょう。復習として、P2PKのロッキングスクリプトとアンロッキングスクリプトを再掲します。

- ロッキングスクリプト
  < publickey > | OP_CHECKSIG
- アンロッキングスクリプト
  < signature >

P2PKのロッキングスクリプトとアンロッキングスクリプトには、<signature>、<publickey>が含まれています。これらを含むスクリプトを簡単な計算のスクリプトと同じように検証しようとすると、かなり複雑なプログラムを書く必要があります。そこで、P2PKは以下のように、BSV py-sdkの中であらかじめ実装されたP2PKのスクリプトを呼び出すことで検証してみましょう。新しいコードセルで以下を実行してください。

```
01  from bsv import PrivateKey, P2PK,Transaction, TransactionInput,
    TransactionOutput,Script,Spend
02
03  # ① 秘密鍵を生成
```

② スクリプトを py-sdk で検証する

```python
private_key = PrivateKey()

# ② 公開鍵を取得
public_key = private_key.public_key()

# ③ P2PKのロッキングスクリプトを作成
locking_script = P2PK().lock(public_key.hex())

# ④ トランザクションを作成（この例ではインプットは省略）
tx1 = Transaction(
    [],
    [TransactionOutput(locking_script=locking_script, satoshi=1000)]
)

# ⑤ 新しいトランザクションを作成
tx2 = Transaction(
    [TransactionInput(
        source_transaction=tx1,
        source_txid=tx1.txid(),
        source_output_index=0,
        unlocking_script_template=P2PK().unlock(private_key),
    )],
    [TransactionOutput(
        locking_script=P2PK().lock(private_key.hex()),
        satoshi=900
    )]
)

# ⑥ 署名を生成してアンロッキングスクリプトを作成
tx2.sign()

# ⑦ 検証
spend = Spend({
    'sourceTXID': tx2.inputs[0].source_txid,
    'sourceOutputIndex': tx2.inputs[0].source_output_index,
    'sourceSatoshis': tx2.outputs[0].satoshis,
    'lockingScript': tx2.outputs[0].locking_script,
    'transactionVersion': tx2.version,
    'otherInputs': [],
    'inputIndex': 0,
    'unlockingScript': tx2.inputs[0].unlocking_script,
    'outputs': tx2.outputs,
    'inputSequence': tx2.inputs[0].sequence,
    'lockTime': tx2.locktime,
```

```
48  })
49
50  is_valid = spend.validate()
51  print(f"Transaction is valid: {is_valid}")
```

- 実行結果

```
    'unlockingScript': tx2.inputs[0].unlocking_script,
    'outputs': tx2.outputs,
    'inputSequence': tx2.inputs[0].sequence,
    'lockTime': tx2.locktime,
})

is_valid = spend.validate()
print(f"Transaction is valid: {is_valid}")

Transaction is valid: True
```

実行結果で「True」が表示される

実行結果として「Transaction is valid: True」と表示されているので、P2PKの照合が正しく完了していることがわかります。

本プログラムの細かい解説は割愛しますが、このプログラムの流れをざっくりと追いかけておきましょう。

まず、以下のプログラムで、秘密鍵から公開鍵を生成しています。

```
03  # ① 秘密鍵を生成
04  private_key = PrivateKey()
05
06  # ② 公開鍵を取得
07  public_key = private_key.public_key()
```

そして、公開鍵を埋め込んだ、P2PKのロッキングスクリプトを作成します。

```
09  # ③ P2PKのロッキングスクリプトを作成
10  locking_script = P2PK().lock(public_key.hex())
```

次は、tx1、tx2という2つのトランザクションを作っています。tx1は元手（UTXO）を含むトランザクション、tx2はその元手を使って新たに送金するトランザクションです。

② スクリプトを py-sdk で検証する

```
12  # ④ トランザクションを作成（この例ではインプットは省略）
13  tx1 = Transaction(
14      [],
15      [TransactionOutput(locking_script=locking_script, satoshi=1000)]
16  )
17
18  # ⑤ 新しいトランザクションを作成
19  tx2 = Transaction(
20      [TransactionInput(
21          source_transaction=tx1,
22          source_txid=tx1.txid(),
23          source_output_index=0,
24          unlocking_script_template=P2PK().unlock(private_key),
25      )],
26      [TransactionOutput(
27          locking_script=P2PK().lock(private_key.hex()),
28          satoshi=900
29      )]
30  )
```

- 本ケースでのトランザクション

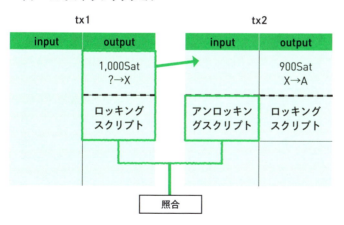

tx1、tx2 では、次の図のようにそれぞれロッキングスクリプト，アンロッキングスクリプトを指定しています。

- プログラムの流れ

```
# ③ P2PKのロッキングスクリプトを作成
locking_script = P2PK().lock(public_key.hex())

# ④ トランザクションを作成（この例ではインプットは省略）
tx1 = Transaction(
    [],
    [TransactionOutput(locking_script=locking_script, satochi=1000)]
)

# ⑤ 新しいトランザクションを作成
tx2 = Transaction(
    [TransactionInput(
        source_transaction=tx1,
        source_txid=tx1.txid(),
        source_output_index=0,
        unlocking_script_template=P2PK().unlock(private_key),
    )],
    [TransactionOutput(
        locking_script=P2PK().lock(private_key.hex()),
        satoshi=900
    )]
)
```

― P2PKのロッキングスクリプトを <publickey> を埋め込んで生成

― それを tx1 のアウトプット（*）のロッキングスクリプトに指定

― tx1 のアウトプット（*）のアンロッキングスクリプトを生成。ただし、<signature> はまだ埋め込まれていない

　注意すべき点は、tx2 のアンロッキングスクリプトです。これは P2PK のアンロッキングスクリプトなので、以下のような形をしています。

- アンロッキングスクリプト
  < signature >

　< signature >は、トランザクションができ上がったあとでないと生成できません。そのため、この部分は現時点では空欄になっています。
　次は、tx2.sign() により、署名を生成し、アンロッキングスクリプトの< signature >を埋めます。

```
32  # ⑥ 署名を生成してアンロッキングスクリプトを作成
33  tx2.sign()
```

　最後に、スクリプトを検証しています。

```
35  # ⑦ 検証
36  spend = Spend({
37      'sourceTXID': tx2.inputs[0].source_txid,
38      'sourceOutputIndex': tx2.inputs[0].source_output_index,
```

196

② スクリプトを py-sdk で検証する

```
39    'sourceSatoshis': tx2.outputs[0].satoshis,
40    'lockingScript': tx2.outputs[0].locking_script,
41    'transactionVersion': tx2.version,
42    'otherInputs': [],
43    'inputIndex': 0,
44    'unlockingScript': tx2.inputs[0].unlocking_script,
45    'outputs': tx2.outputs,
46    'inputSequence': tx2.inputs[0].sequence,
47    'lockTime': tx2.locktime,
48  })
49
50  is_valid = spend.validate()
51  print(f"Transaction is valid: {is_valid}")
```

手順としては、以下のように少し複雑な手順を踏んでいます。

- Spend クラスのインスタンスにいままでに準備してきたものをすべてセットする。
- Spend クラスの validate() メソッドで、スクリプトを検証。
- その結果を is_valid に格納して表示。

しかし、ここはプログラムの細かい書き方の話になってしまうので、あまり気にしなくても問題ありません。

これにより、検証結果 True が表示されます。これは、P2PK の検証手順が正しく行われたことを表します。

3 練習問題

正解は 246 ページ

問題 6-1 ★★☆

オプコードには非常に多くの種類がある。どのようなオプコードがあるか調べよ。

問題 6-2 ★★★

以下のロッキングスクリプト、アンロッキングスクリプトを照合し、結果（True か False）を以下の 2 つの方法で確認せよ。不明なオプコードは意味を調べよ。

【ロッキングスクリプトとアンロッキングスクリプト】
- ロッキングスクリプト：OP_3 OP_ADD OP_3 OP_SUB OP_2 OP_EQUAL
- アンロッキングスクリプト：OP_2

【方法】
- 方法 1：スタックの動きを手作業で追いかける方法
- 方法 2：py-sdk を使う方法

7日目

NFT

❶ NFT の基本
❷ 実際に NFT を公開する
❸ 練習問題

7日目

1 NFTの基本

- NFTとは何かを概略的に理解する
- NFTの歴史と現状について理解する

ブロックチェーンは暗号資産だけでなく、いろいろな分野に応用されています。その中でも、近年とくに話題になっているのが「NFT（Non-Fungible Token）」です。本章では、NFTの基本についてざっくりと解説し、近年話題となっているビットコインNFT（Ordinals）についても触れます。最後には、実際にプログラムを書いてNFTをブロックチェーン上に書き込んでみましょう。

1-1 NFTとは

POINT

- トークンとコインが何かを理解する
- 代替性トークン（FT）と非代替性トークン（NFT）が何かを理解する

トークンとコイン

NFTを理解するには、まず**トークン（token）**という言葉がどのような意味を持つか、知る必要があります。英語のtokenはもともと、「しるし」「証拠」「記念品」「代用貨幣」など、非常に幅広い文脈で使われている言葉です。たとえば、遊園地の乗り物券や、ゲームセンターのメダルのように、何らかの権利や価値を一時的に肩代わりして表す「証票」というイメージが近いかもしれません。

ブロックチェーンの世界では、**既存のブロックチェーン上に任意のデータを載せ、それを流通させたもの全般を指して「トークン」と呼びます。**あらゆる種類の権利や価値、デジタルアイテムをデータ化し、ブロックチェーン上で管理・活用できる点が

大きな特徴です。たとえば、ゲーム内アイテムや証明書、チケット、会員権、投票権など、用途は多岐にわたります。

トークン（token）
ブロックチェーンの世界では、既存のブロックチェーン上に任意のデータを載せ、それを流通させたもの全般を指す

一方で、ビットコイン（BTC）やイーサリアム（ETH）のように、専用のブロックチェーンを持って発行される暗号資産は**コイン（ネイティブトークン）**と呼びます。これは、独自のブロックチェーンを使って基礎的な暗号資産として機能します。それに対し、**トークンは「既存のブロックチェーンを借りて発行される暗号資産」**といえます。イメージとしては、日本円（コイン）と商品券（トークン）の関係に近いでしょう。

- 日本円
  国が公式に発行する通貨で、国内ならどこでも使える基軸通貨。
- 商品券
  既存の流通システム（日本円）を利用しながら、特定のお店や企業が独自に発行する支払い手段。

実際には、この商品券の例えはあくまで「通貨としての利用」側面を説明するためのものです。ブロックチェーン上では、支払い用途だけでなく、証明書やチケット、投票権、会員資格、デジタルアイテムなどを「トークン」として発行し、流通させることが可能です。そして、**トークンの移動履歴はすべてブロックチェーン上に記録され、誰がいつどのトークンを手に入れ、誰に渡したかが追跡（トレーサビリティ）できる**ようになっています。ここに NFT の核心があります。

コイン（ネイティブトークン）
専用のブロックチェーンを持って発行される暗号資産

コインは専用のブロックチェーン、トークンは既存のブロックチェーンで発行される暗号資産という違いがあります。

代替性と非代替性

トークンには、代替性を持つ**代替性トークン（Fungeble Token：FT）**と、代替性を持たない**非代替性トークン（Non-Fungeble Token：NFT）**があります。

代替性とは、同じ種類のもの同士なら、どれと入れ替えても同じ価値として扱える性質のことです。たとえば、1円玉はどの1円玉と交換しても価値は変わりませんし、1BTCはどの1BTCと入れ替えても問題ありません。こうした、「入れ替えても同じ」性質が代替性であり、代替性を持つトークンを、代替性トークン（Fungible Token）と呼びます。<u>当然、代替性トークンはその「量」によってのみ価値が評価されます。</u>

- 代替性とは

一方で、非代替性（代替性を持たない性質）は、<u>1つひとつがユニークで、ほかの同種のものと入れ替えても等価にはならない性質</u>を指します。たとえば、有名な画家が描いた唯一無二の絵画は、そのオリジナルであることに特別な価値があり、ほかの作品と単純には交換できません。

- 非代替性とは

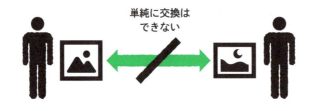

代替性を持たないトークンは、「非代替性トークン（Non-Fungible Token：以下NFT）」と呼びます。<u>NFTは、それぞれが唯一無二なトークン</u>です。

① NFTの基本

- 代替性トークンと非代替性トークン

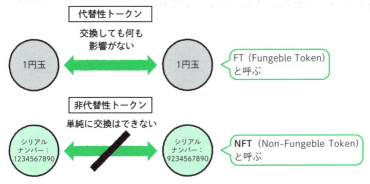

NFTも、誰から発行され、誰の手元にあるかがブロックチェーン上に記録されるので、それにより「本物が誰の手元にあるのか」がいつでも誰でも確認できます。このしくみによって、これまではコピーし放題のイメージが強かったデジタルデータにも、「これが正真正銘のオリジナルで、正しい持ち主はこの人だ」という所有権[1]が明確に生まれます。

- デジタルデータにも所有権が明確に生まれる

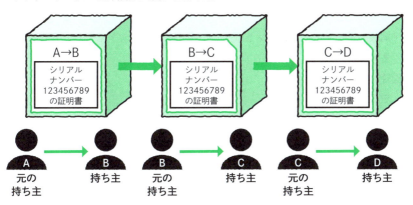

※1　ここでいう所有権は、法律上の（法的な）所有権とは別ものです。法的な所有権とは、たとえばあなたが買った家や絵画を、法律が「これはあなたのもの」と認め、その権利を守ってくれることを指します。

一方で、NFTの場合の所有権は、ブロックチェーン上で「このNFTはこの人が持っている」と記録されている、デジタル上の証明にすぎません。NFTを持っているからといって、法律上、何かしらのコンテンツそのものの権利が自動的に手に入るわけではありません。あくまで、NFTが示すのは「このデジタルアイテムは正真正銘この人が所持している」ことを、みんなが確認できる点です。

そのため、NFTは「法律的な意味での所有権」ではなく、「デジタル上で、誰がそのアイテムを持っているのかを明確に示す手段」として理解しましょう。

代替性を持つものと持たないものの例

代替性を持つもの（Fungible）と持たないもの（Non-Fungible）を、現実世界とデジタル世界でいくつか挙げてみましょう。

◉ 現実世界での例
- 代替性を持つもの：
  - ・現金（100円玉はどの100円玉と交換しても同じ価値）
  - ・同じ種類の工業製品（同じ型番のネジやボルトなど、一本一本代わりがきくもの）
- 代替性を持たないもの：
  - ・絵画や彫刻などのアート作品（同じ作者が描いた別の作品とは交換できない）
  - ・骨董品や記念品（一点物で、ほかの物では代わりにならない）

◉ デジタル世界での例
- 代替性を持つもの：
  - ・ビットコインやイーサリアムなどの暗号資産（同じ1BTCはどの1BTCとも等価）
  - ・同額の電子マネー、ポイント（同じ100円分のポイントはどれと入れ替えても同価値）
- 代替性を持たないもの：
  - ・デジタルアート
  - ・動画や音楽
  - ・ゲームアイテム

このように、代替性を持つものは「どれと交換しても同じ価値を保てる」性質があり、代替性を持たないものは「それぞれが唯一無二の価値を持つ」ため、単純な交換が成り立ちません。**NFTは、まさにその「代替性のない」性質をデジタル上で実現するしくみ**といえます。

① NFTの基本

用語

代替性トークン（FT）
同じ種類のもの同士なら、どれと入れ替えても同じ価値として扱えるトークン

非代替性トークン（NFT）
1つひとつがユニークで、ほかの同種のものと入れ替えても等価にはならないトークン

1-2 NFTの活用

- NFTの活用例を理解する
- オンチェーンとオフチェーンを理解する

実際にNFTを活用するための方法について、少し掘り下げていきましょう。

NFTの最も主流な活用のしかたは、デジタルデータが「唯一無二」なのを証明することです。このしくみを具体例でざっくり説明してみましょう。あなたが書いた1枚の絵画（デジタルアート）を考えます。

これが「唯一無二の本物」であることを示すために、NFTを証明書として発行し、デジタルデータとセットにして扱います。現実世界でも、著名な絵画に本物であることを表す証明書がついている場合がありますが、それと同じようなアイデアです。

● NFTを証明書として発行

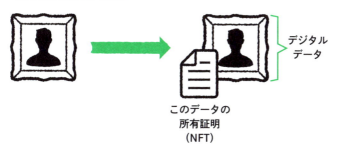

205

7日目

　このうち、ブロックチェーン上に在りかが書き込まれるのは、証明書（NFT）のほうです。そして、証明書の移転もすべてブロックチェーン上に書き込まれ、「証明書の持ち主」であることにより、絵画の持ち主が誰かが証明されるしくみです。

- **ブロックチェーンには証明書（NFT）が書き込まれる**

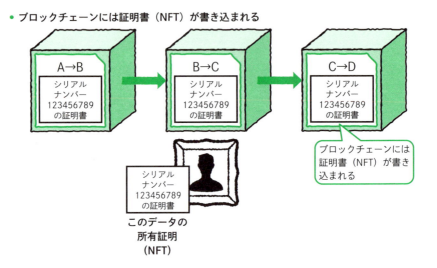

参考

NFTに関する解説書や記事などを読むと、「NFTはコピーができない」といった表現を見かけることがよくあります。しかし、実際にはデータそのもの（ここでいう絵画）をコピーできないわけではありません。たとえばインターネット上にあるデジタル画像をパソコンに保存したり、スクリーンショットを撮ったりするように、作品のデータ自体をコピーすることは技術的に可能です。

では何が「唯一無二」なのかというと、**それを証明するためのNFT（証明書）のほう**です。NFTは、ブロックチェーンに記録される唯一無二のデジタル証明書であり、「本物を所有しているのはこの人」という事実を示す役割を果たします。たとえ作品の画像データをコピーされても、そのコピーには正式な証明書が付いていないので、本物だとは認められません。これは、現実世界の絵画に付属する本物の「鑑定書」や「証明書」が唯一であり、コピーではその価値を証明できないのと同じ考え方です。

オンチェーンとオフチェーン

「証明書だけがブロックチェーンに記録され、データは別のところに置く」と説明しましたが、データの置き場所には2つの方法があります。

1つ目は、**オンチェーン（On-chain）**と呼ばれる方法です。これは、データをブロックチェーン上に直接保存する方法です。この場合、データはブロックチェーン上に刻まれるため、改ざんされる心配がほとんどありません。誰でもいつでも同じデータを見られます。ただし、ブロックチェーン上に大きな画像や音楽などのデータを保存するのはコストが高く、データ容量にも限界があるデメリットもあります。

2つ目は、**オフチェーン（Off-chain）**という方法です。この方法では、データをブロックチェーン以外の場所（たとえば、普通のサーバー）に保存します。そして、NFTには、そのデータへのリンク（URLなど）が書き込まれています。こうすると、ブロックチェーン上には「この絵画はここにある」情報だけを残せばいいので、コストや容量の問題を小さくできます。

ただし、オフチェーンでは、データを保管する場所が壊れたり、アクセス不能になったりすれば、NFTの価値がなくなってしまいます。そのため、「どこで保管しているのか」「その保管先は信頼できるか」が重要なポイントです。

用語
オンチェーン（On-chain）
データをブロックチェーン上に直接保存する方法
オフチェーン（Off-chain）
データをブロックチェーン以外の場所に保存する方法

1-3 NFTの歴史

- NFTの歴史を知る
- NFTが注目を集めたきっかけを理解する

イーサリアムと NFT

　NFTというアイデアが特に注目を集めるようになったのは、<u>**イーサリアム(Ethereum)**</u>というブロックチェーン上で、<u>**スマートコントラクト**</u>と呼ばれるしくみが実装されてからです。スマートコントラクトを利用すると、単なる送金や通貨交換以上の、さまざまなトークンを簡単に作り出せるようになりました。この柔軟性が、NFTの誕生と広がりを後押ししたのです。

用語　スマートコントラクト
単なる送金や通貨交換以上の、さまざまなトークンを簡単に作り出せるしくみ

　NFTを世間に知らしめた代表的な例が、<u>**CryptoKitties（クリプトキティーズ）**</u>です。

- CriptoKitties

　これは、2017年頃にイーサリアム上で公開された、「唯一無二のデジタル猫」を集めて交配させたり売買したりできるブロックチェーンゲームでした。珍しい猫が高額で取引されたことで、「インターネット上でコピーし放題だったはずの画像やキャラクターに本当に値段がつくのか！」と、多くの人が驚き、NFTという概念を一気に世間に広めました。
　その後、NFTは、次のような流れで多彩な分野に広がっていきます。

① NFT の基本

- アート分野
  アーティストが自分のデジタル作品を NFT として発行し、これまでにない形で作品を販売・収益化できるようになりました。
- 音楽や映像
  楽曲や映像作品も NFT 化され、ファンは「オリジナルのデジタルコンテンツ」を保有できるようになりました。
- ゲームやメタバース
  ゲーム内アイテムや、バーチャル空間の土地・アイテムなどを NFT で所有・取引できます。
- チケットや会員証
  イベントチケットや会員権を NFT として発行し、真正性を確保したり転売市場を透明化したりするしくみも登場しています。

このように、イーサリアムを起点とした NFT のアイデアは、さまざまなジャンルで「唯一性」「オリジナル」「所有権」といった概念をデジタル上で実現し、インターネット時代の新たな価値流通の土台となりました。

また、イーサリアム上の NFT を円滑に行うための**マーケットプレイス**も整備されていて、たとえば <u>OpenSea（海外）</u> や <u>Adam by GMO（日本）</u> などがよく知られています。

- OpenSeaとAdam by GMO

209

ビットコインNFT（Ordinals）への広がり

NFTはイーサリアムをきっかけに世界中で注目を集めましたが、その後、ほかのブロックチェーンにも波及していきました。その中でも、元祖ともいえるブロックチェーンであるビットコイン上でNFTを扱う動きも生まれており、**Ordinals（オーディナルズ）**と呼ばれています。

Ordinalsは、ビットコインの最小単位である「サトシ（Satoshi）」ごとに番号（Ordinal number）を割り当て、そのサトシにデータを紐づけて「唯一無二のデジタルアイテム」として扱う考え方で、BTCのブロックチェーン上でそれを扱います。

● Ordinals

Ordinals（オーディナルズ）
ビットコイン上でNFTを扱うしくみ

ここで特徴的なのが、**ビットコインのOrdinalsは基本的に、オンチェーンでデータを扱う**点です。イーサリアムなどでは、データをオフチェーンに保管し、NFT（証明書）にはそのデータへのリンク（URL）を記録することが一般的ですが、Ordinalsでは画像データやテキストそのものをビットコインのブロックチェーンに書き込みます。

しかし、BTCのブロックサイズには限りがあるため、大きなファイルを保存するのは難しく、結果として書き込めるデータはごく小さなものに限られてしまいます。そのため、**Ordinalsで扱われるデジタルアイテムは、ピクセルアートのような小さな画像や、シンプルなテキストが中心**です。また、NFTの公開や移転にも大きな手数料がかかり、気軽にNFTを利用できるかは、現状（執筆時点である2025年1月時点）ではなかなか難しいところでしょう。

① NFTの基本

さらに、Ordinalsのマーケットプレイスは、比較的まだ初期段階です。Ordinalsは新しい概念のため、イーサリアム上のNFTマーケットプレイスほど成熟した取引環境が整っていませんが、専門のプラットフォームも登場しつつあります。

- BTC Ordinalsのマーケットプレイス「Magic EDEN」

BSVと1SatOrdinals

こうしたOrdinalsの概念は、ビットコイン以外のビットコイン系チェーンにも広がっています。その一例が、BSV上で展開されている **1SatOrdinals** です。

BSVは、ビットコインよりもはるかに大きなブロックサイズを採用しています。これにより、**ビットコインでは困難だった「大容量データをオンチェーンで扱う」ことが比較的容易**になっています。

1SatOrdinalsは、このBSV上でOrdinalsのようなしくみを利用し、デジタルデータの唯一性を表現します。ビットコインオリジナルのOrdinalsではピクセルアート程度の小さな画像しか扱えなかったのに対し、BSV上の1SatOrdinalsでは、より大きなサイズの画像などのコンテンツを直接ブロックチェーン上に書き込むことが可能になります。

また、公開や移転にかかる手数料も低く抑えられる傾向があります。これにより、クリエイターはコストを抑えつつ手軽にNFTを発行でき、購入者側も大きな負担をせずにNFTを入手できます。1SatOrdinalsも比較的まだ新しいので、発展途上な部分は多いですが、急激な利用者の伸びを見せており、「気軽にクリエイターがNFTを作成・公開する」「NFTを購入する」ための環境が整いつつあります。

211

- 1SatOrdinalsのマーケットプレイス「1Sat.Market」

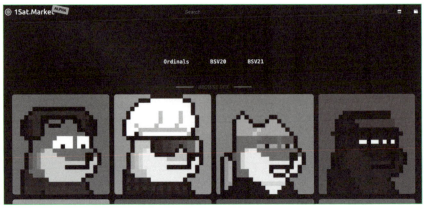

　1SatOrdinals のしくみを使ったカードゲームでは、**Champions TCG** が有名です。Champions TCG は壮大な世界観のファンタジー・トレーディングカードゲームであり、他界の領域から来た強力な生物、呪文のユニークなカードを集めて対戦や交換ができます。

- Champions TCG

　各プレイヤーが持つカードは、1SatOrdinals のしくみによって「唯一無二のデジタルアイテム」として記録されており、デジタルでありながら紙のトレカのように自由

① NFTの基本

にトレードできるのが大きな特徴です。現在も世界各地で大会が開かれ、レアカードは高値で取引されることもあります。

　もっとも、カードの絵そのものをコピーすること自体は技術的に可能です。しかし、ブロックチェーン上に記録された「公式のカード所有証明（NFT）」を持っていなければ、ゲーム内でそのカードを有効に使うことはできません。いわば、見た目の画像は複製できても、ブロックチェーン上の所有権を示すデータまではコピーできないわけです。この点が、**デジタルアイテムに唯一の価値をもたせられる NFT の強み**といえます。

7日目

NFT

213

2 実際にNFTを公開する

- ブロックチェーン上へのテキストデータの書き込みを検証する
- ブロックチェーン上への画像の書き込みを検証する

-1 NFT公開チュートリアルの全体像

- 本章で行うNFT公開チュートリアルの概要を理解する

ここからは、実際にプログラムを作成し、1SatOrdinalsを利用してNFTを公開してみましょう。ただし、すべての手順を一から十までプログラムで書いて実行するのは、非常に手間がかかる作業です。そこで本節では、NFTを簡単に公開できるライブラリである「yenpoint_1satordinals」を活用して、スムーズにNFTを公開する方法を紹介します。

yenpoint_1satordinalsライブラリを使ってNFTを公開すると、ごく小額のライブラリの使用手数料が発生します。

ここでは、1SatOrdinalsを用いて、以下の2種類のデータをブロックチェーン上に書き込みます。

- ① テキストデータ（「Hello World!」という文字列）
- ② 画像データ（サンプル画像）

それでは、具体的な手順を見ていきましょう。

2-2 ① テキストデータの公開

POINT
- ブロックチェーン上へのテキストデータの書き込みを検証する

本チュートリアルの目標は、「HelloWorld!」という文字列を、1Satoshi に結びつけた状態で公開することです。

- テキストデータの公開

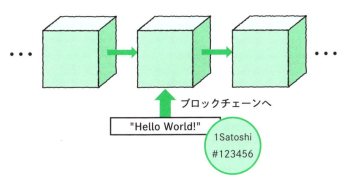

これからの作業の中で、5日目で利用したアドレス（P.156参照）、そのアドレスの基となった秘密鍵（P.155参照）を使うので、事前に準備しておいてください。

まず、Google Colaboratory で新しいノートブックを作成します。ノートブック名は「BSV_1SatOrdinals.ipynb」とします。そして、以下のプログラムをすべて実行して、py-sdk などの準備を済ませておきましょう。

- py-sdk のインストール

```
# bsv py-sdkのインストール
!pip install bsv-sdk
```

```
import asyncio

from bsv import (
    PrivateKey, P2PKH, Transaction, TransactionInput, TransactionOutput
)
```

7日目

そして、「yenpoint_1satordinals」をインストールします。

- yenpoint_1satordinalsのインストール

```
01  !pip install yenpoint_1satordinals
```

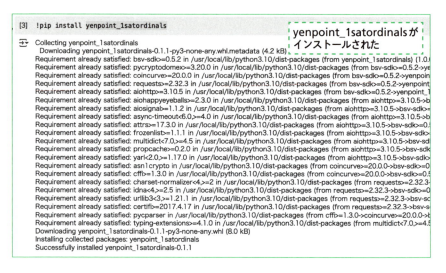

yenpoint_1satordinalsがインストールされた

次に、以下のコードを実行します。アドレスの部分は、P.156で作ったアドレスBに置き換えてください。

```
01  from yenpoint_1satordinals.core import add_1sat_outputs
02  from pathlib import Path
03
04
05  outputs = add_1sat_outputs(
06      ordinal_address=【アドレス】,     ← アドレスを自身のものに書き換え
07      data="Hello, World!",
08      change_address=【アドレス】       ← アドレスを自身のものに書き換え
09  )
```

② 実際に NFT を公開する

> 注意
>
> 本書で紹介しているコードでは、ordinal_address と change_address に同じアドレスを設定しています。
>
> - ordinal_address：NFT を紐づけるアドレス
> - change_address：取引時に「お釣り」を受け取るアドレス
>
> 両者を同じにすると、同じアドレスに NFT も BSV も紐づくことになります。本来であれば、NFT 用のアドレスと BSV を扱うためのアドレスを別々に発行し、それぞれを ordinal_address と change_address に指定するほうが望ましいかもしれません。しかし、本書では混乱を避けるため、両方とも同じアドレスを使用しています。

1SatOrdinals を使ってデータをブロックチェーン上に書き込む際には、以下の BSV が必要です。

- データと結びつける 1Satoshi
- ライブラリ使用手数料[※2]
- マイナー手数料

そのため、これらの元手となる UTXO を指定しなければなりません。UTXO を指定するには、以下の手順を踏みます。

- WhatsOnChain にアクセス
- アドレスで検索
- BSV を受け取っているトランザクションを選択
- UTXO を見つける
- Raw Tx をダウンロードしてプログラムに貼り付け

※2　1つNFTを公開するたび、手数料が0.1円かかります。

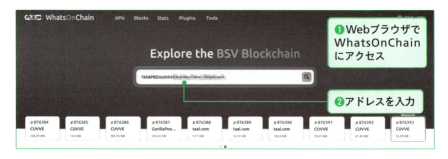

② 実際にNFTを公開する

❻ダウンロードしたRaw Txを開いてコピー

```
0100000002a55ee7309c9924416014f09fe82598ea05b82f9e6af91afb15a38f3461854
```

ここまでの手順が終わったら、以下のプログラムのRaw Tx、秘密鍵、UTXOの部分を書き換えて実行します。

```
01  from bsv.transaction_input import TransactionInput
02  from bsv.transaction import Transaction
03  from bsv import PrivateKey
04  from bsv.script import P2PKH
05
06  PREV_TX_HEX = 【RawTx】    ← Raw Txを貼り付け
07
08  previous_tx = Transaction.from_hex(PREV_TX_HEX)
09
10  sender_private_key_str = 【秘密鍵】    ← アドレスに対応する秘密鍵を貼り付け
11  sender_private_key = PrivateKey(sender_private_key_str)
12
13  tx_input = TransactionInput(
14                   source_transaction=previous_tx,
15                   source_txid=previous_tx.txid(),
16                   source_output_index=【UTXOの番号】,    ← UTXOの番号を貼り付け
                                                              (#0のUXOなら0)
17                   unlocking_script_template=P2PKH().unlock(sender_
    private_key)
18              )
19  tx = Transaction([tx_input], outputs)
20
21  tx.fee()
22  tx.sign()
```

```
                unlocking_script_template=P2PKH().unlock(sender_private_key)
            )
tx = Transaction([tx_input], outputs)            実行結果が表示された

tx.fee()
tx.sign()
─────────────────────────
<bsv.transaction.Transaction at 0x7ea6ae3b82b0>
```

これにより、データが埋め込まれたトランザクションができたので、以下のコードを実行してブロードキャストします。

```
01  response = await tx.broadcast()
02  print(f"Broadcast Response: {response}")
03
04  print(f"Transaction ID: {tx.txid()}")
05  print(f"Raw hex: {tx.hex()}")
```

これで、データを埋め込んだトランザクションがブロードキャストできたはずです。実行結果に表示されている TransactionID をコピーしてください。

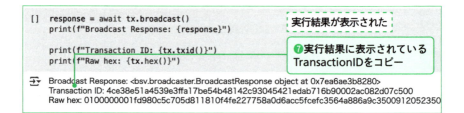

コピーした TransactionID を WhatsOnChain で検索してトランザクションを確認してみましょう。1SatOrdinals の表示とともに、1Satoshi（1e-8 BSV）分のアウトプットが確認できるはずです[3]。このアウトプットの右のボタンをクリックしてください。

---

[3] ちなみに、アウトプット#1はライブラリ開発元への手数料、#2は自身へのお釣りです。また、インプットとアウトプットの合計の差額がマイナーに手数料として支払われています。

② 実際にNFTを公開する

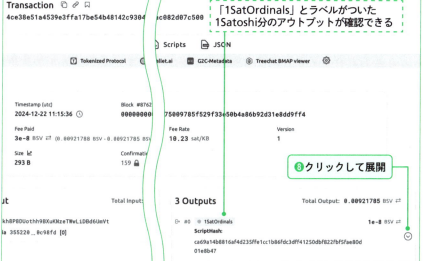

すると、「Hello World!」という文字列が埋め込まれていることがわかります[※4]。

※4 Hello World!の前後に、文字化けのように見えるデータがあります。これは、1SatOrdinalsを使うときに、データ（この場合はHello World!）のまわりに必要な情報を一緒に書き込むからです。しかし、肝心のHello World!という文字列はしっかり書き込めているので、Hello World!の前後の余計な文字列は気にする必要はありません。

POINT

- ブロックチェーン上への画像の書き込みを検証する

次は、1SatOrdinals を使って画像をブロックチェーンに書き込んでみましょう。今回使う画像データは、以下の有名なマンドリルの画像です[※5]。

- manrill.jpg

まず、manrill.jpg を Google Colaboratory で扱えるようにアップロードします。ノートブック左側の[ファイル]をクリックし、mandrill.jpg をデスクトップなどからドラッグ＆ドロップしてください。

※5 この画像は、SIDBA（Standard Image Data-BAse）という画像データベースに公開されているもので、画像処理の分野などで素材としてよく用いられます。本書の読者用ページにアップロードしてあるので、それを使ってください。

② 実際に NFT を公開する

　アップロードが完了したら、画像ファイル名の右側の［：］をクリックし、［パスをコピー］をクリックします。これにより、ファイルのパスがクリップボードに保存されます。

❸［：］をクリック

❹［パスをコピー］をクリック

　ここから、プログラムを書いていきますが、事前に以下の操作はすでに終えてあるものと仮定して進めます。

- py-sdk のインストール（!pip install bsv-sdk）
- 必要な機能の読み込み（import ...）
- yenpoint_1satordinals のインストール
- 先ほど使ったアドレス（5 日目で作ったもの）に十分な残高を送金しておく（P.156 と同様の方法で 0.1USD 分くらい送金しておく）

　まず、次のプログラムの Path() に、さきほどコピーした画像ファイルパスを貼り付け、data_path を置き換えます。

01 ```
from yenpoint_1satordinals.core import add_1sat_outputs
```
```

```
02
03  data_path = Path(【パス】)    ← コピーしたパスを貼り付け
04
05  outputs = add_1sat_outputs(
06      ordinal_address=【アドレス】,    ← P.216と同様にアドレスを貼り付け
07      data=data_path,
08      change_address=【アドレス】
09  )
```

　使用するUTXOを含むトランザクションをテキストのときと同様の手順（P.161参照）で探し、そのRaw Txと、秘密鍵、使用するUTXOの番号をプログラムに書き入れて、プログラムを実行します。

```
01  from bsv.transaction_input import TransactionInput
02  from bsv.transaction import Transaction
03  from bsv import PrivateKey
04  from bsv.script import P2PKH
05
06  PREV_TX_HEX = 【RawTx】    ← Raw Txを貼り付け
07  previous_tx = Transaction.from_hex(PREV_TX_HEX)
08
09  sender_private_key_str = 【秘密鍵】    ← アドレスに対応する秘密鍵を貼り付け
10  sender_private_key = PrivateKey(sender_private_key_str)
11
12  tx_input = TransactionInput(
13                  source_transaction=previous_tx,
14                  source_txid=previous_tx.txid(),
15                  source_output_index=【UTXOの番号】,    ← UTXOの番号を貼り付け（#0のUTXOなら0）
16                  unlocking_script_template=P2PKH().unlock(sender_private_key)
17              )
18  tx = Transaction([tx_input], outputs)
19
20  tx.fee()
21  tx.sign()
```

　あとは、以下のプログラムを実行し、画像データが埋め込まれたトランザクションをブロードキャストします。

```
01  response = await tx.broadcast()
02  print(f"Broadcast Response: {response}")
```

② 実際に NFT を公開する

```
03
04  print(f"Transaction ID: {tx.txid()}")
05  print(f"Raw hex: {tx.hex()}")
```

これで、データを埋め込んだトランザクションがブロードキャストできたはずです。実行結果に表示されている TransactionID をコピーしてください。

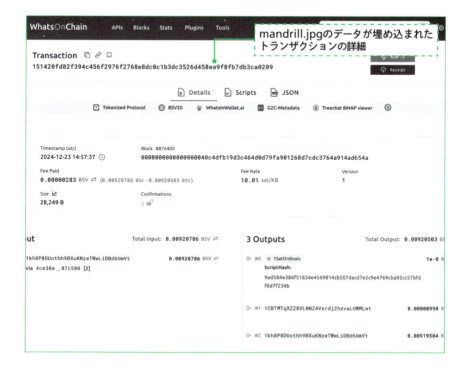

コピーした TransactionID を WhatsOnChain で検索してトランザクションを確認してみましょう。

ブロードキャストしてからしばらくは、「UNCONFIRM」という表示がされた状態になるでしょう。この表示がある間はトランザクションがまだマイニングされておらず、ブロックに含まれていない状態なのでしばらく待ちます。「UNCONFIRM」の表示が消えたら、「1SatOrdinals」のラベルが付いたアウトプットを展開し、[Decode]をクリックします。

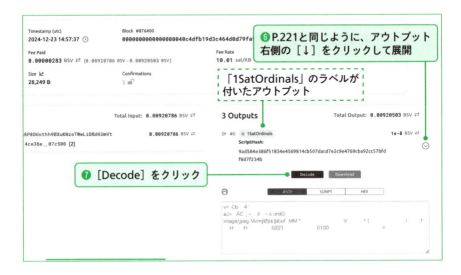

すると、トランザクションに書き込まれた画像データを確認できるはずです。

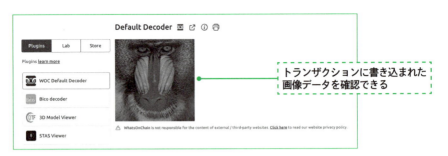

本節ではサンプル画像として、mandrill.jpg をブロックチェーンに書き込むことに成功しました。興味のある読者はぜひ、オリジナルの画像を同様の手順でブロックチェーンに書き込んでみると、理解も深まるでしょう。その際、大きなサイズの画像を使うと手数料が多くかかる可能性があるので、mandrill.jpg と同じくらいの小さめの画像で試してみることをおすすめします。

② 実際に NFT を公開する

　本章では、NFTについてざっくりと解説し、簡単なテキストデータと画像データを実際にチェーンに書き込みました。

　NFT、Ordinalsなどはまだまだ深い内容につながっており、しかも現在進行系で進化し続けている分野ですが、本書では「NFTの入口」に絞って解説しました。興味のある読者は、ぜひ進化し続けるNFTの世界についてリサーチを続けてみてください。

3 練習問題

▶ 正解は 250 ページ

 問題 7-1 ★★★

　本章を参考にして、1SatOrdinals を使ってオリジナルの画像データをブロックチェーンに書き込んでみよ。また、WhatsOnChain でデータが書き込まれていることを確認してみよ。なお、大きなサイズの画像を使うと手数料が多くかかってしまう可能性があるので、mandrill.jpg と同じくらいの小さめの画像で試してみることを推奨する。

練習問題の解答

1日目 ビットコインとブロックチェーン

1日目の練習問題の解答です。

- 【解答例1】
  銀行の口座管理システム
- 【解説】
  たとえば、銀行の口座管理システムがあります。口座管理システムでは、預金や振込、送金などを、1つの管理者（銀行）が集中して管理しています。

- 【解答例2】
  ECサイトの販売管理システム
- 【解説】
  たとえば、大手ECサイト（例：Amazon）では、顧客情報や在庫管理、決済情報などを1つのプラットフォームが集中管理しています。出品者や購入者は同じプラットフォームを介して商品を売買するため、在庫データや注文処理などがすべて中央のシステムによって制御されています。

- 【解説】
  Blockchain.comのExplorerで最新ブロックを確認した例は次のとおりです。これは、2024年12月24日 15:50時点での最新ブロックです。

① 1日目 ビットコインとブロックチェーン

最新ブロックをクリックすると、さまざまな情報が閲覧できます。なお、1日目の時点では、詳細は理解できなくて問題ありません。

トランザクション一覧をさかのぼり、一番最後のトランザクションの番号を見ると、それがブロックに含まれるトランザクションの個数になります。次の画面の例だと、2,358個であることがわかります。

231

- 【解答例】

　執筆時点（2024年12月24日15:50現在）では、「ＤＭＭビットコインの４８２億円流出、北のハッカー集団「ＴＴ」関与と特定…ＦＢＩと警察庁」というニュースが世間をにぎわせています。本ニュースの内容を箇条書きでまとめると以下になります。

- 北朝鮮系ハッカー集団「TT」が DMM ビットコインから約 482 億円相当のビットコインを盗む
- 攻撃手口は「LinkedIn」で委託先社員に企業の採用担当者を装って接触し、送付プログラムで社員権限を奪取
- 5 月末に不正送金を実行、資金は一部が FBI 把握の関連口座に入金されたことが確認
- 警察庁や FBI などが 24 日に犯行集団を特定し、公表
- DMM ビットコインは業務改善命令を受け、2025 年 3 月をめどに資産譲渡後、廃業予定

　ビットコインや、暗号資産全般に関するニュースは日々発生し、その度に世界中の人々をにぎわせています。日々変化が激しい業界なので、ネットニュースや SNS などで、最新情報のキャッチアップを欠かさないようにするとよいでしょう。

2日目 ブロックチェーンの全体像

2日目の練習問題の解答です。

- 【解答】
  ビットコインをやりとりする際に、**送金先を明示するために使われるもの**。
- 【解説】
  ビットコインのアドレスは、銀行の口座番号のように、自分のビットコインを受け取るための「宛先」として機能します。

- 【解答】
  新たなブロックを承認してブロックチェーンに追加し、報酬（マイニング報酬や手数料）を得るため。
- 【解説】
  マイナーは、上記の目的のために、Proof of Work と呼ばれる大変な計算競争を世界中で繰り広げます。

　なお、Proof of Work は、世界中のマイナーたちが膨大な計算資源をいわば「ぶん回して」行われるので、莫大な電力が常に消費され続けます。その結果として、環境問題への影響など、いくつかの問題点も指摘されています（P.65 参照）。

- 【解答】

　データが少しでも書き換わると全く異なるハッシュ値に変化するため、受信側は送信前後のハッシュ値を比べるだけで、改ざんの有無を簡単に確認できる。

3日目 マイニングとブロック

> 3日目の練習問題の解答です。

3-1

- 【解答】

「マイニング報酬（coinbase トランザクションにより新たに発行されるビットコイン）」と「トランザクション手数料（インプットとアウトプットの差額）の合計」

3-2

- 【解説】

ブロックヘッダに含まれているものには、バージョンや、マークルルート、タイムスタンプなどがあります。ブロックヘッダの要素の詳細は、P.76 を参照してください。

3-3

- 【解答】

約4年ごとにマイニング報酬が半分になるしくみ。半減期が設定されているのは、ビットコインのインフレーションを抑制し、希少性を保つため。

- 【解説】

BTC の半減期は 2009 年にビットコインが開始してから、次のように 4 回発生しています。

- 1回目の半減期：2012 年 11 月 28 日
- 2回目の半減期：2016 年 7 月 9 日
- 3回目の半減期：2020 年 5 月 11 日
- 4回目の半減期：2024 年 4 月 20 日

　半減期が発生するのは、前回の半減期から 21 万ブロックが生成されたときと決められています。 ブロックは約 10 分に 1 個チェーンに追加されることになっているので、ざっくり計算すると、以下のようになります。

10 分 × 21 万 = 210 万分
2,100,000 分 ÷ 60 = 35,000 時間
35,000 時間 ÷ 24 = 約 1,458.3 日
1,458.3 日 ÷ 365 ≈ 約 3.998 年

　上記から、大きく 4 年に一度半減期が訪れることがわかります。
　半減期はビットコインのインフレーションを抑制し、希少性を保つために導入されていると言われていますが、本文中では別の観点からの考察も記載しています（P.72 参照）のでぜひ確認してみてください。

4日目 ビットコインアドレスとトランザクション

📄 ▸ 4日目の練習問題の解答です。

- 【解答】

  秘密鍵を作成 → 公開鍵を導出 → 公開鍵をハッシュ化 → Base58Check で変換

- 【解答】

  最終残高は、A が 650Sat、B が 280Sat、C が 150Sat、D が 690Sat。トランザクション手数料の総和は、230Sat。

- 【解説】

  残高の変動を順番に追跡します。

◉ ①初期残高

初期残高は以下のとおりです。

- ①初期残高

A	B	C	D	手数料（累計）
300	0	100	500	0

◉ ②TX1実行後

- B が X から 1,000Sat を受け取る（B は 0 → 1,000）
- A、C、D は変化なし

- ②TX1実行後の残高

A	B	C	D	手数料（累計）
300	1,000	100	500	100

◉ ③TX2実行後

- B が 1,000Sat を使い、800Sat を D へ、150Sat を B 自身へ戻す
- 手数料は 50Sat
- B：1,000 → 150
- D：500 → 1,300（800 受け取り＋元の 500）

- ③TX2実行後の残高

A	B	C	D	手数料（累計）
300	150	100	1,300	100 + 50 = 150

◉ ④TX3実行後

- D が 800Sat を使い、200Sat を A、500Sat を C、90Sat を D 自身へ戻す
- 手数料は 10Sat
- D：1,300 → 590（800 出して 90 戻る）
- A：300 → 500（200 受け取り）
- C：100 → 600（500 受け取り）

- ④TX3実行後の残高

A	B	C	D	手数料（累計）
500	150	600	590	150 + 10 = 160

④ 4日目 ビットコインアドレスとトランザクション

◎⑤TX4実行後

- A が 200Sat を使い、130Sat を B、50Sat を A 自身に戻す
- 手数料は 20Sat
- A：500 → 350（一度 200 出して 50 戻る）
- B：150 → 280（130 受け取り）

- ⑤TX4実行後の残高

A	B	C	D	手数料（累計）
350	280	600	590	160 + 20 = 180

◎⑥TX5実行後

- C が 500Sat を使い、300Sat を A、100Sat を D、50Sat を C 自身に戻す
- 手数料は 50Sat
- C：600 → 150（500 出して 50 戻る）
- A：350 → 650（300 受け取り）
- D：590 → 690（100 受け取り）

- ⑥TX5実行後の残高

A	B	C	D	手数料（累計）
650	280	150	690	180 + 50 = **230**

◎ 支払われたトランザクション手数料の合計

100 + 50 + 10 + 20 + 50 = 230Sat

以上で、トランザクション完了後の各アドレス最終残高および手数料の合計が求められます。

練習問題の解答

239

- 【解答】
  C

- 【解説】
  電子署名によって確認できることは以下の2つでした。

  - **送信者がなりすましでないこと**
  - **トランザクションが改ざんされていないこと**

  よって、この選択肢の中では C が正しいと判断できます。
  電子署名においては、送信者が「自らの秘密鍵を受信者に見せることなく」これを実行できるのが、重要なポイントです。

5日目 ビットコインの送受信をしてみよう

● 5日目の練習問題の解答です。

- 【解説】

以下の手順に従うと送金できます。

まず、送信先アドレス（アドレスC）を生成するために、新たな秘密鍵を作り、そこからアドレスを作ります。実行するプログラムは以下のとおりです。

```
import asyncio

from bsv import (
    PrivateKey, P2PKH, Transaction, TransactionInput, TransactionOutput
)
```

```
# 秘密鍵を生成
priv_key = PrivateKey()
wif_format = priv_key.wif()
PRIVATE_KEY = wif_format

print(f"Private Key (WIF Format): {PRIVATE_KEY}")
```

```
# 対応するアドレスを生成
address = priv_key.address()
print(f"Your Address: {address}")
```

- 実行結果

送金元（アドレスB）のUTXOをWhatsOnChainで検索し、Raw Txをダウンロードします。

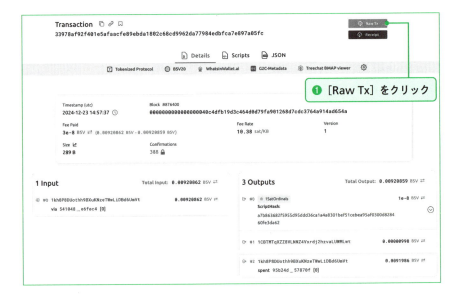

このように、UTXOを含むトランザクションのRaw Txを入手したら、以下のようにSOURCE_TX_HEXに指定します。

```
01  # 元手とするUTXOを含むトランザクションのRaw Txを指定
02  SOURCE_TX_HEX = 【Raw Tx】    ←【Raw Tx】のところにRaw Txを貼り付ける
```

次に、以下のプログラムを完成させて実行し、送金元→送金先へのトランザクションを作成してブロードキャストします。今回は、50,000Satを送金します。

⑤ 5日目 ビットコインの送受信をしてみよう

```python
import nest_asyncio

nest_asyncio.apply()  # これで既存のイベントループでasyncioを使用可能にする

async def create_and_broadcast_transaction():
    priv_key = PrivateKey(【秘密鍵】)
    source_tx = Transaction.from_hex(SOURCE_TX_HEX)

    tx_input = TransactionInput(
        source_transaction=source_tx,
        source_txid=source_tx.txid(),
        source_output_index=【UTXOの番号】,
        unlocking_script_template=P2PKH().unlock(priv_key),
    )

    tx_output = TransactionOutput(
        locking_script=P2PKH().lock(【アドレス】),
        satoshis = 50000,
        change=False
    )

    tx_output_change = TransactionOutput(
        locking_script=P2PKH().lock(address),
        change=True
    )

    tx = Transaction([tx_input], [tx_output, tx_output_change],
version=1)

    tx.fee()
    tx.sign()

    response = await tx.broadcast()
    print(f"Broadcast Response: {response}")

    print(f"Transaction ID: {tx.txid()}")
    print(f"Raw hex: {tx.hex()}")

if __name__ == "__main__":
    asyncio.run(create_and_broadcast_transaction())
```

【秘密鍵】のところに
アドレスBに対応する
秘密鍵を貼り付ける

UTXOの番号を指定

送信先アドレス
（アドレスC）
を貼り付ける

送信額（Sat）の指定

練習問題の解答

- 実行結果

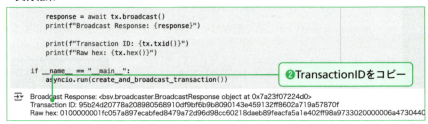

コピーした TransactionID を、WhatsOnChain に貼り付けて検索します。すると、ブロードキャストしたトランザクションが確認できます。Unconfirmed の場合、Unconfirmed が消えて、Confirmations の下に鍵のマークが表示されるまで少し待ちます。

Confirmations の下に鍵のマークが表示されたら、トランザクションがブロックチェーンに書き込まれています。すなわち、送金先アドレスに残高が反映されているはずです。

⑤ 5日目 ビットコインの送受信をしてみよう

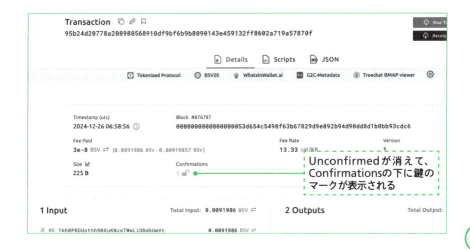

　WhatsOnChain でアドレスを検索すると、残高が調べられます。なお、本文中で用いた get_barance を使っても、残高が確かに増えていることが確認できます。

`01` `get_balance(【アドレス】)` ← 送信先アドレス（アドレスC）を貼り付ける

　プログラムで確認する場合も、Unconfirmed が消えてからでないと残高は反映されない点に注意してください。

• 実行結果

245

6日目 トランザクションスクリプト

6日目の練習問題の解答です。

- 【解説】

  代表的なオプコードを、カテゴリごとに示します。

- 定数・制御系

オプコード	意味
OP_0／OP_FALSE	スタックに数値0をプッシュ（Falseと同義）
OP_1／OP_TRUE	スタックに数値1をプッシュ（Trueと同義）
OP_2〜OP_16	スタックに2〜16の数値をプッシュ
OP_IF／OP_NOTIF／OP_ELSE／OP_ENDIF	スタックトップが0か否かで条件分岐し、分岐終了までの範囲を指定
OP_VERIFY	スタックトップがFalseならば即スクリプト失敗（Trueなら続行）
OP_RETURN	以降のスクリプトを無視し、トランザクションを無効扱い（主に任意データ書き込み用途）

- スタック操作系

オプコード	意味
OP_DUP	スタックトップを複製してプッシュ
OP_DROP	スタックトップを1個破棄
OP_SWAP	スタックトップと2番目の要素を入れ替え
OP_OVER	2番目の要素をコピーしてプッシュ
OP_PICK／OP_ROLL	スタックの特定の深さにある要素をコピー（PICK）／移動（ROLL）
OP_2DROP／OP_2DUP	トップ2要素を破棄／トップ2要素を複製

オプコード	意味
OP_EQUAL／OP_EQUALVERIFY	スタックトップ2要素が等しいか比較し、True/Falseを返す。VERIFY版はFalseならスクリプト失敗

- 算術・論理演算

オプコード	意味
OP_ADD／OP_SUB	スタックトップ2要素の加算／減算結果をプッシュ
OP_BOOLAND／OP_BOOLOR	2要素がどちらも非0ならTrue（BOOLAND）、一方が非0ならTrue（BOOLOR）
OP_1ADD／OP_1SUB	トップの数値を+1／-1
OP_NEGATE	トップの数値を反転（x->-x）
OP_NUMEQUAL／OP_NUMEQUALVERIFY	数値同士が等しいか比較し、結果を返すor失敗させる

- ハッシュ関連

オプコード	意味
OP_HASH160	スタックトップをSHA-256→RIPEMD-160で二重ハッシュ化
OP_SHA256	スタックトップをSHA-256ハッシュ化
OP_RIPEMD160	スタックトップをRIPEMD-160ハッシュ化

- 署名検証系

オプコード	意味
OP_CHECKSIG／OP_CHECKSIGVERIFY	スタック上の<signature>、<publickey>を取り出し、正しい署名か検証する。VERIFY版は失敗時スクリプト終了

バージョン（BTC、BSV、BCHなど）などによって利用可否や仕様が異なる場合がある点に注意してください。また、ほかにもさまざまなオプコードが存在します。

- 【解説】

方法1にあるように、スタックの動きを手作業で追いかけると、次のようになり、最後はTrueが残るので、スクリプトの照合は成功したことがわかります。

スクリプト：OP_2 OP_3 OP_ADD OP_3 OP_SUB OP_2 OP_EQUAL

- スタックの動きを手作業で追いかける

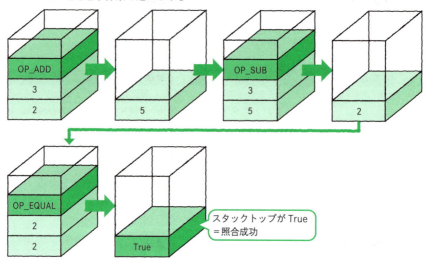

なお、OP_SUBは、スタックトップ2要素の減算結果をプッシュするオプコードです。

方法2にあるように、py-sdkを使って以下のようなプログラムを実行すると、照合結果がTrueになるので、スクリプトの照合は成功したことがわかります。

```
from bsv import Spend, Script

locking_sc = Script.from_asm('OP_3 OP_ADD OP_3 OP_SUB OP_2 OP_EQUAL')
unlocking_sc = Script.from_asm('OP_2')
```

```
spend = Spend({
    'sourceTXID': '00' * 32,
    'sourceOutputIndex': 0,
    'sourceSatoshis': 1,

    'lockingScript': locking_sc,

    'transactionVersion': 1,
    'otherInputs': [],
    'outputs': [],
    'inputIndex': 0,

    'unlockingScript': unlocking_sc,

    'inputSequence': 0xffffffff,
```

⑥ 6日目 トランザクションスクリプト

```
16      'lockTime': 0,
17  })
18
19  valid = spend.validate()
20
21  print('Verified:', valid)
22  assert valid
```

• 実行結果

```
    })

    valid = spend.validate()

    print('Verified:', valid)
    assert valid
```
⊐⇥ Verified: True

　プログラムを使うと一瞬でスクリプトの検証ができますが、その背後ではスタック
に1つずつオプコードがプッシュされて実行され、全てが終わった段階のスタック
トップによって照合結果が決まっていることを理解しておきましょう。

練習問題の解答

249

7日目 NFT

> 7日目の練習問題の解答です。

- 【解説】

P.223のソースコードの「mandrill.jpg」を自作の画像に差し替えて同様の手順を踏みましょう。

付録

A-1 付録1：楕円曲線暗号（ECC）

　ここでは、ビットコインブロックチェーンで非常に重要な役割を果たす、**楕円曲線暗号（Elliptic Curve Cryptography：ECC）** のしくみについて、概略的に解説します。あらかじめ断っておきますが、楕円曲線暗号においては、非常に高度な数学が使われており、この付録では概略的ではありつつも、あえてしっかりと数式を使って解説します。数学に対する拒絶反応や不安が大きく、数式を目の当たりにすると面食らってしてしまうかも……という人は、この付録を無理に読む必要はありません。

　ビットコインブロックチェーンでは、公開鍵と秘密鍵が非常に重要な役割を果たします。そして、この公開鍵と秘密鍵の間には、「秘密鍵から公開鍵はすぐに導けるが、その逆（公開鍵から秘密鍵を導くこと）は非常に難しい（現実的に困難）」という関係がありました。このような**非可逆的な関係を具体的に実現し、コンピュータ上で扱うには、実は数学的なしくみが必要**です。この付録は、そのしくみの1つとして、「楕円曲線」を使ったものを紹介するのが目的です。

● 楕円曲線

　楕円曲線（Elliptic Curve） とは、以下の関係式を満たす点(x, y)の集合のことです。

$$y^2 = x^3 + ax + b \quad (a, b は定数)$$

たとえば、$a = -1, b = 1$の場合の楕円曲線である

$$y^2 = x^3 - x + 1$$

を考えてみると、$(x, y) = (-1, -1)$はこの楕円曲線上の1点となります。なぜなら、

$$左辺 = (-1)^2 = 1$$
$$右辺 = (-1)^3 - (-1) + 1 = -1 + 1 + 1 = 1$$

より、右辺＝左辺となり、楕円曲線の関係式を満たすからです。

楕円曲線の関係式を満たす点全体は、a, bの値によって、次のような曲線を描きます[※1]。

- **楕円曲線**

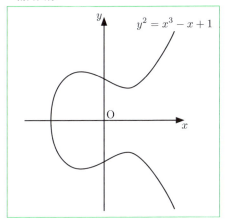

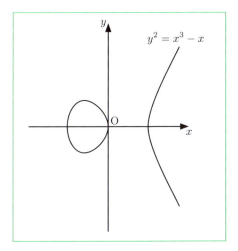

※1 ここで注意したいのは、楕円曲線は、いわゆる「楕円」ではないことです。なぜ楕円曲線という名前が付いたのかは、「楕円積分」という概念と密接に関連している理由がありますが、そこに深入りする必要はありません。ここでは、「楕円曲線」≠「楕円」であることだけ理解していれば十分です。

楕円曲線上の加法

楕円曲線上の点には、加法（足し算）が定義できます。これはすなわち、楕円曲線上の 2 つの点 P, Q を選んだとき、それらを「足した点（$P + Q$）」が、楕円曲線上に計算できるということです。楕円曲線上の点の加法は、$P \neq Q$ の場合は、以下のように定義されます。

- ① P, Q を決める
- ② P, Q を結んだ直線を引く
- ③ P, Q ともう 1 つの交点を求める
- ④ その交点を x 軸対称に折り返した、楕円曲線上の点を求める
- →これが $P + Q$ と定義する

- P + Q の定義

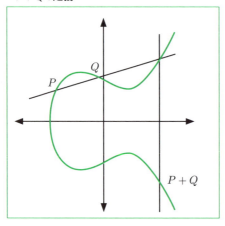

$P = Q$ の場合は、その点における接線を引き、その交点を x 軸対称に折り返したときの楕円曲線上の点と定義します。

- P + Qの定義（P=Qの場合）

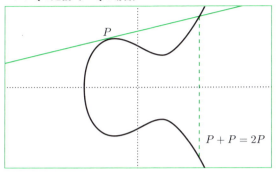

参考

ここで、「P, Q をちょうど【x 軸に対称な位置】に取ると、交点が楕円曲線上にできず、加法の定義ができないのでは？」と気付いた読者は、非常に鋭いです。実際にそのとおりで、たとえば以下のようにP, Q を取ると、加法の定義ができません。

- PとQをx軸に対称な位置で取った場合

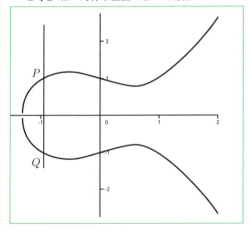

この場合は、本来なら**無限遠点**という仮想的な一点を導入し、そこと交わるというように、うまい定義をする必要があります。しかし、ここではそこまで掘り下げることは避けますので、興味のある読者はぜひリサーチしてみてください。

ここでは加法を図的に定義していますが、実は、楕円曲線上の点の加法$P + Q$は、具体的なx, y座標が数値的に簡単に計算できることも知られています。つまり、**楕円曲線上の2つの点の加法は、コンピュータを使って簡単に求められるということ**です。実際、$P = (x_P, y_P), Q = (x_Q, y_Q)$とすると、$P + Q$の具体的な$x$座標と$y$座標は、以下のように求められることが知られています。

- $P \neq Q$**の場合**

$$P + Q = (s^2 - x_P - x_Q, y_P + s(x_R - x_P))$$
$$ただし、s = \frac{y_P - y_Q}{x_P - x_Q}$$

- $P = Q$**の場合**

$$P + Q = (s^2 - 2x_P, y_P + s(x_R - x_P))$$
$$ただし、s = \frac{3x_P^2 + a}{2y_P}$$

● 有限体

実際のビットコインブロックチェーンでは、**楕円曲線に関連する計算はすべて「整数」どうしで行われます。**その理由は以下のとおりです。

- 実数を用いた場合、小数や分数の取り扱いが必要になり、計算が複雑化します。一方、整数であれば単純な計算で効率的に計算可能です。
- 実数計算では誤差が生じる可能性がありますが、整数のみを用いれば計算結果に誤差が入り込むことはありません。
- のちに触れる内容ですが、楕円曲線暗号の安全性は「離散対数問題（DLP）」の困難性によるものです。離散対数問題は整数による演算に関連する問題なので、計算には整数を用います。

この「整数による演算」について理解するために、ここでは「有限体」を定義します。**有限体**とは、pを素数としたとき、次のように定義される整数の集合$\mathbb{F}_p$のことです。

付録

$$\mathbb{F}_p = \{0, 1, 2, \ldots, p-1\}$$

　たとえば$p = 5$のとき、$\mathbb{F}_5 = \{0, 1, 2, 3, 4\}$となります。

　次のように、$+_p, -_p, \times_p, \div_p$として「専用の四則演算ルール」を定めます。右辺に出てくる$+, -, \times, \div$は、我々が普段使っている通常の「足し算、引き算、掛け算、割り算」を表します[※2]。

$$x +_p y = x + y \quad \mathrm{mod}\ p$$
$$x -_p y = x +_p (-y)$$
$$x \times_p y = x \times y \quad \mathrm{mod}\ p$$
$$x \div_p y = x \times_p y^{-1} \quad (y \neq 0)$$

　ただし、x, yは$\mathbb{F}_p$の要素で、$a\ \mathrm{mod}\ p$はaをpで割った余りのことを指します。また、$-y, y^{-1}$は、それぞれ以下を満たす$\mathbb{F}_p$の要素です[※3]。

$$y +_p (-y) = 0$$
$$y \times_p y^{-1} = 1$$

　この$+_p, -_p, \times_p, \div_p$を使えば、$\mathbb{F}_p$の中では、我々が普段使う実数と全く同じように四則演算ができます。実感をつかむために、例として$\mathbb{F}_5$の四則演算の結果をまとめた表を掲載します。余力があれば、手計算で確かに表のとおりになることを確認してみるとよいでしょう。

[※2]　$+, -, \times, \div$と、$+_p, -_p, \times_p, \div_p$には、それぞれ「我々が普段使っている普通の四則演算」か「$\mathbb{F}_p$で使う四則演算」なのかという明確な違いがあることに注意してください。

[※3]　$-y$をyの加法逆元、y^{-1}をyの乗法逆元と呼びます。$-y$は「yと足すと0になる数」、y^{-1}は「yとかけると1になる数」のことです。

257

- **加法表と減法表**

$+_p$	0	1	2	3	4
0	0	1	2	3	4
1	1	2	3	4	0
2	2	3	4	0	1
3	3	4	0	1	2
4	4	0	1	2	3

$-_p$	0	1	2	3	4
0	0	4	3	2	1
1	1	0	4	3	2
2	2	1	0	4	3
3	3	2	1	0	4
4	4	3	2	1	0

- **乗法表と除法表**

$\times_p$	0	1	2	3	4
0	0	0	0	0	0
1	0	1	2	3	4
2	0	2	4	1	3
3	0	3	1	4	2
4	0	4	3	2	1

$\div_p$	1	2	3	4
0	0	0	0	0
1	1	3	2	4
2	2	1	4	3
3	3	4	1	2
4	4	2	3	1

有限体上の楕円曲線

　ここまでで、<u>$\mathbb{F}_p$を使えば、その中の数で実数の場合と変わらずに四則演算を行えること</u>がわかりました。これにより、「有限体$\mathbb{F}_p$上での楕円曲線」を定義できます。

　有限体$\mathbb{F}_p$上での楕円曲線とは、以下の式を満たす(x, y)全体のことを指します。ただし、x, yは$\mathbb{F}_p$の要素とします。

$$y^2 = x^3 +_p ax +_p b \quad (a, b は定数)$$

ただし、ここでいうy^2, x^3は以下のように計算します。

$$y^2 = y \times_p y$$
$$x^3 = x \times_p x \times_p x$$

　すなわち、$\mathbb{F}_p$の四則演算を使って、もともとの（実数の場合の）楕円曲線と全く同様の概念を定義しているということです。たとえば、$p = 5$の場合について、

$$y^2 = x^3 +_5 x +_5 1$$

258

を満たす (x, y) を列挙すると、以下のようになります。

$$(0, 1), (0, 4),$$
$$(2, 1), (2, 4),$$
$$(3, 1), (3, 4),$$
$$(4, 2), (4, 3).$$

座標平面上にこれらの点をすべてプロットすると、次のようになります。

- **座標平面上にプロットした結果**

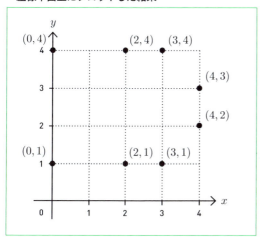

当初の（実数の世界での）楕円曲線のようなきれいなひょうたん型の曲線からは程遠いですが、図形的イメージからはいったん離れて、**あくまで「数学的な概念としては、$\mathbb{F}_p$ 上で全く同じ概念を定義できている」という割り切りが重要**です。

さて、$\mathbb{F}_p$ 上での楕円曲線における加算を次のように定義します。この定義は、あくまで着想は実数の場合の図形的な定義から得たものですが、その数値的な計算結果をそのまま $\mathbb{F}_p$ に輸入したものであることに注意が必要です。

- $P \neq Q$**の場合**

$$P + Q = \left(s^2 -_p x_P -_p x_Q, y_P +_p s \times_p (x_R -_p x_P)\right)$$

$$\text{ただし、} s = \frac{y_P -_p y_Q}{x_P -_p x_Q}$$

- $P = Q$**の場合**

$$P + Q = \left(s^2 - 2 \times_p x_P, y_P +_p s \times_p (x_R -_p x_P)\right)$$

$$\text{ただし、} s = \frac{3 \times_p x_P^2 +_p a}{2 \times_p y_P}$$

　こうすることで、有限体上の楕円曲線における加法も定義できたことになります。さらに、この加法を用いて、次の**定数倍**という演算も定義可能です（kは正の整数）。

$$kP = \underbrace{P + P + \cdots + P}_{k \text{ 回}}$$

離散対数問題（DLP）

　実は有限体上の楕円曲線における定数倍には、非常に有名な性質があります。それは以下の性質です。

　k が十分に大きいとき、

$$\underbrace{Q}_{k \text{ 倍後}} = k \underbrace{P}_{k \text{ 倍前}}$$

ならば、P, Q**から k を復元することは非常に困難** である。

　すなわち、こういうことです。Pという（有限体上の）楕円曲線の点を１つ決めます。そしてこれをある「非常に大きな整数k」により定数倍し、その結果をQとします。このとき、Pと Qだけを見て、「Pを何倍してQになったのか？」を知ることはとても大変だ、と言っています。

　ちなみに、Pをk倍してQを計算することは簡単にできます。これが指している事実は、**有限体上の楕円曲線における定数倍は、非可逆的である**ことにほかなりません。

定数kからkPを求めることは簡単ですが、kPから定数kを復元することは困難（現実的に不可能）です。

- 非可逆的な関係

この問題を、**離散対数問題（Discrete Logarithm Problem：DLP）**といいます。

楕円曲線暗号（ECC）

DLPの「非可逆性」を、公開鍵と秘密鍵の非可逆性に利用したものが、**楕円曲線暗号（Elliptic Curve Cryptography）**です。楕円曲線暗号では、以下のように秘密鍵から公開鍵を生成します。

- ① 有限体$\mathbb{F}_p$（すなわちpの値）と、使う（$\mathbb{F}_p$上の）楕円曲線（すなわちa, b）を決めておく。
- ② 生成元Gを1つ決めておく（Gは今回使う楕円曲線上の点）。
- ③ 秘密鍵eを256ビット整数としてランダムに生成。
- ④ $P = eG$により公開鍵を計算（これはGをeで定数倍するだけなので、簡単に計算できる）。

DLPを思い出すと、「秘密鍵eから公開鍵$eG(= P)$を計算することは簡単だが、公開鍵$P(= eG)$から秘密鍵eを復元することは途方もなく大変（現実的に無理）」なことがわかるでしょう。まさにこれが、**公開鍵と秘密鍵が持たなければいけない「非可逆性」**です。

ちなみに、ビットコインブロックチェーンでは、①と②を次のように決めています。

- $p = 2^{256} - 2^{32} - 977$　（これは素数）

- $a = 0, b = 7$　つまり、楕円曲線の式は $y^2 = x^3 +_p 7$

- $G = (G_x, G_y)$ で、
  $G_x = $ 0x79be667ef9dcbbac55a06295ce870b07029bfcdb2dce28d959f2815b16f81798
  $G_y = $ 0x483ada7726a3c4655da4fbfc0e1108a8fd17b448a68554199c47d08ffb10d4b8

　これらの楕円曲線およびそのパラメータ (a, b, p, G) は、<u>secp256k1</u> と呼ばれ、**実際にビットコインブロックチェーンでの楕円曲線暗号で使われています。**

　また、楕円曲線、離散対数問題のアイデアを用いた電子署名のアルゴリズムとして、**楕円曲線電子署名アルゴリズム（ECDSA）** も知られており、実際にビットコインブロックチェーンでの電子署名の方法として採用されています。ECDSA はさらに数学的に複雑な概念ではありますが、付録 2 に解説を収録します。

付録 2:楕円曲線電子署名アルゴリズム (ECDSA)

楕円曲線のアイデアを電子署名に応用した、**楕円曲線電子署名アルゴリズム (Elliptic Curve Digital Signature Algorithm：ECDSA)** も、ビットコインブロックチェーンにおいて非常に重要な役割を果たしています。この付録では、ECDSAの数学的しくみについて解説します。

電子署名の目的

ECDSAの具体的な数学的しくみについて述べる前に、改めて、電子署名の目的を明確にしておきましょう。

たとえば、あるトランザクションがあり、そこに書かれている送金者がAです。これがネットワーク参加者Bのもとにブロードキャストされてきました。このトランザクションを作った人はA本人であるはずですが、なりすましによるトランザクションの可能性もあります。

いま、このトランザクションはなりすましではなく、A本人が作ったものとしましょう。このとき、登場人物は、トランザクションの作成者（送金者）Aと、検証者Bです。

Aは**トランザクションを作った本人**なので、A視点で達成したいことは、以下のとおりです。

- AはBに「自分はこのトランザクションを作った本人」であることをわからせたい。
- AはBに秘密鍵を直接見せたくないが、秘密鍵を持っていることはわからせたい（そのためにAは電子署名を使う）。

Bは、**トランザクションを作ったのが、A本人なのかそうでないのかわからない**ので、B視点で達成したいことは、以下のとおりです。

- Bは、トランザクション作成者がA本人であることを確信したい。
- トランザクションが誰かに改ざんされていないことも確信したい。

すなわち、電子署名を利用して実現したいことは、Bに次のことを達成させることです。

- A がトランザクションを作った本人であることを検証する。つまり、トランザクションに書かれた送信元である A の秘密鍵を、トランザクション作成者が持っていることを検証する（ただし、A が B に秘密鍵を見せることはしない）。
- トランザクションが改ざんされていないことを検証する。

DLP と同等に難しい問題

ECDSA で実現したいことを理解するために、知っておくべき重要な事実が 1 つあります。

いま、A の秘密鍵を e、公開鍵を P とし、secp256k1（楕円曲線およびそのパラメータのこと。P.262 参照）の生成元を G とします。k を「A または A の偽物（つまり、秘密鍵 e を持たない）が生成した」ランダムな 256 ビット整数とします。このとき、kG は簡単に計算できます。

このとき、非常に重要な以下の事実があります。

$uP + vG = kG$ となる $u, v(u, v \neq 0)$ を求めるのは、

- e を知らなければ（A 以外にとっては）、離散対数問題（DLP）と同等に困難。
- e を知っていれば（A にとっては）、簡単。

逆に言えば、このような u, v を作れる（あるいは、作るのに足る情報を持っている）人がいるなら、それは本物の A（すなわち、e を持っている）だと確信できます。

これを数学的に確認しましょう。$uP + vG = kG$ を変形すると、

$$uP = (k - v)G$$

となります。$u \neq 0$ なので、両辺を u で割って、

$$P = \frac{k - v}{u}G$$

を得ます。これと $P = eG$ を比較して、

付録

$$e = \frac{k - v}{u}$$

となります。

- 秘密鍵 e を知っている場合（A が本物）
  → 両辺が一致するようにうまく u, v を調整すれば、e が得られる（これは容易）。
- 秘密鍵 e を知らない場合（A が偽物）
  → 式より、u, v を発見できることは、e を見つけている（すなわち、DLP を打ち破っている）のと同じ。

ECDSA の根本アイデアはこの事実に基づきます。すなわち、B は送信者に「**あなたが本物の A なら、このような u,v を作れるはずですよね？**」と確かめればよい（もし作れたなら、あなたは A の秘密鍵を持っている）というアイデアに至ります。

そして A は、その要求に基づいて u, v を作る材料を B に提供すれば、晴れて A 本人だと証明できます。

● ECDSA の流れ

A の公開鍵 P と秘密鍵 e の間には、以下の関係がありましたね。

$$P = eG \quad (G \text{ は生成元})$$

DLP により、P から e の復元は現実的にはできません。この前提のもと、P.263 で述べた「B に達成させること」を実現するための A と B のやりとりを、手順を追って見ていきましょう。

◉ 手順1

A はトランザクションを手元でハッシュ化し、z とする（A はこれを公開せず、手元に置いておく）。

◉ 手順2

A は 256 ビット整数 k をランダム生成し、kG を計算する。この x 座標を r とする。

265

手順3

Aは $s = \frac{z+re}{k}$ を計算する（Aが秘密鍵 e を持っていれば、Aはこれを計算できる）。

- 手順1~3

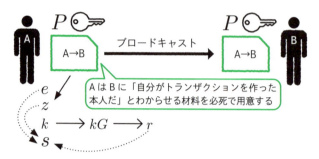

手順4

Aは r, s をBに渡す r, s のペアを署名と呼ぶ）。

手順5

Bはブロードキャストされてきたトランザクションを手元でハッシュ化する。改ざんがなければこれは z に一致する。そして、Aから受け取った r, s を使い、以下を計算する。

$$u = \frac{r}{s}, v = \frac{z}{s}$$

- 手順4~5

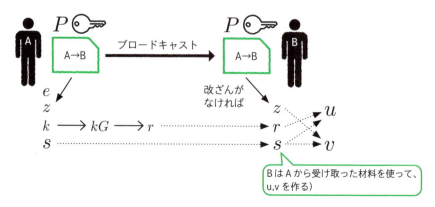

実は、このように構成した u, v は、正しく計算ができていれば $uP + vG = kG$ を満たすことが、以下のように示せます。

$$uP + vG = \frac{r}{s}P + \frac{z}{s}G = \frac{r(eG) + zG}{s} = \frac{(z + re)G}{s} =$$

$$(z + re)G \times \frac{k}{z + re} = kG$$

手順6では、Bがそれを確認します。

● 手順6

B は $uP + vG$ を計算し、その x 座標が r と一致することを確かめる。

- **一致する場合**
  $uP + vG = kG$ を満たす u, v を、A が送ってきた r, s から作れたということがわかる。u, v が A からの情報で作成できたということは、A は e を持っていると考える。

- **一致しない場合**
  送信者は e をもっていない（送信者は A の偽物）、または、トランザクションが改ざんされていて z がずれて上手くいかなかった、のどちらかであろうと考える。

- 手順6

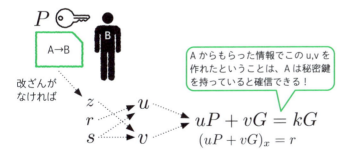

このような推定ができるのが、ECDSA のしくみです。

最大のポイントは、A は B に秘密鍵 e を直接見せていないことです。しかし、「秘密鍵をもっている」ことを B に確認させていますね。まさに、電子署名の目的がしっかり達成されていることがわかるでしょう。

索引

記号

< pubkeyhash > ･･････････････････････ 182
< publickey > ････････････････････････ 176
< signature > ･･･････････････････････ 176

数値

1SatOrdinals ･･････････････････････････ 211
51% 攻撃 ･････････････････････････････ 96

A

Adam by GMO ･･････････････････････ 209
API ･･････････････････････････････････ 144

B

Base58 ･･････････････････････････････ 106
Base58Check ･･････････････････････････ 105
Bitcoin SV（BSV）･････････････････････ 135
Bitcoin SV（BSV）の特徴 ･･･････････････ 138
Bitcoin: A Peer-to-Peer Electronic Cash
System ･････････････････････････････ 15
Blockchain.com ･････････････････････････ 29
BSV py-sdk ･･････････････････････････ 142
BTC ･･････････････････････････････････ 38

C

Champions TCG ･･････････････････････ 212
coinbase トランザクション ･･･････････････ 75
CryptoKitties ･････････････････････････ 208

D・E

DDoS 攻撃 ････････････････････････････ 136
ECC ･･････････････････････････････････ 252
ECDSA ･･･････････････････････････････ 263

F・G

FT ･･････････････････････････････････ 202
Google Colaboratory ･････････････････ 144

Google ドライブ ･･･････････････････ 145

H・J

HandCash ･･･････････････････････････ 140
HASH-256 ･････････････････････････････ 61
Jupyter Notebook ･･･････････････････ 145

M・N

mem プール ･････････････････････ 24, 68
NFT ･･･････････････････････････････27, 202

O

OP_CHECKSIG ･･････････････････････ 176
OP_DUP ･････････････････････････････ 181
OP_EQUALVERIFY ･････････････････････ 181
OP_HASH160 ･･･････････････････････ 181
OpenSea ･････････････････････････････ 209
Ordinals ･････････････････････････････ 210

P

P2PK ････････････････････････････････ 176
P2PKH ･･････････････････････････････ 181
Proof of Stake ･･･････････････････････ 65
Proof of Work ･･････････････････ 52, 65, 87

R

Raw Tx ･･････････････････････････････ 162
RIPEMD-160 ･･･････････････････････････ 62

S

Sat ･･･････････････････････････････････ 39
Satoshi ･･･････････････････････････････ 38
secp256k1 ･･･････････････････････････ 262
segWit ･･･････････････････････････････ 137
SHA-256 ･･･････････････････････････････ 61

索引

T・U

Taproot ······················· 137
UTXO ···························· 113

W

WhatsOnChain ······················· 143
WIF ································· 155

あ行

アウトプット ···················51, 110, 119
アドレス（ビットコインアドレス）······ 48
アドレス作成手順 ··························· 104
暗号化 ···························· 101
暗号資産 ···························· 27
アンロッキングスクリプト ·············· 129
イーサリアム ·····················27, 208
インプット ·····················51, 110, 119
ウォレットアプリ ·····················48, 140
オプコード ···························· 175
オフチェーン ···························· 207
オンチェーン ···························· 207

か行

改ざん耐性 ···························· 58
鍵 ································· 100
仮想通貨 ···························· 27
決定性 ·························· 57
コイン（ネイティブトークン）·········· 201
公開鍵 ···························· 101
公開鍵ハッシュ ···························· 181
コードセル ···························· 149

さ行

最長チェーンルール ···················· 95
サトシ・ナカモト ···················· 19
衝突耐性 ···························· 58
所有権 ···························· 203

スクリプトタイプ ···························· 174
スケーリング問題 ···························· 137
スタック ···························· 177
スマートコントラクト ··············· 138, 208

た行

ターゲット ···················· 76, 83
代替性トークン ···························· 202
タイムスタンプ ···························· 76
楕円曲線 ···························· 252
楕円曲線暗号 ···························· 252
楕円曲線電子署名アルゴリズム ········· 263
中央機関 ···························· 15
中央集権システム ···························· 15
電子署名 ···························· 120
トークン ···························· 200
トランザクション ···················22, 109
トランザクションスクリプト ······· 128, 172
トランザクションスクリプトの照合 ··· 174, 177
トランザクション手数料 ···················· 71
トランザクションリスト ···················· 74
取引所 ···························· 39

な行

なりすまし ···························· 121
ナンス ···················· 76, 85
二重支払い ···························· 16
二重ハッシュ化 ···························· 61

は行

バージョン ···················76, 106
ハッシュウォー ···························· 137
ハッシュ化 ···························· 57
ハッシュ関数 ···························· 56
ハッシュ値 ···························· 57
ハッシュレート ···························· 88
半減期 ···························· 71

269

非可逆性 …………………………… 57	リバタリアニズム …………………………… 19
非代替性トークン ………………… 202	量子コンピュータ …………………………… 127
非中央集権システム …………………… 18	ロッキングスクリプト ……………………… 129
ビットコイン ……………………… 19	ロックタイム ………………………………… 119
ビットコイン・ピザ・トランザクション… 34	
ビットコインアドレス …………………… 33	
ビットコインの価値……………………… 37	
ビットコインのブロックチェーン ………46	
秘密鍵 ……………………………… 101	
復号………………………………… 101	
プッシュ …………………………… 177	
ブロードキャスト ………………… 22, 50	
ブロック ………………………… 24, 74	
ブロックサイズの制限 …………… 136	
ブロックチェーン ……………… 19, 25	
ブロックチェーンエクスプローラ ‥29, 143	
ブロックの伝播…………………………53	
ブロックハッシュ …………………82	
ブロックヘッダ………………………74	
法定通貨………………………………20	
ポップ ……………………………… 177	

ま行

マークルツリー………………………… 77, 79	
マークルルート ……………………… 76, 79	
マーケットプレイス ……………………… 209	
マイナー（採掘者）……………………… 24, 51	
マイニング ……………………………… 52, 70	
マイニング報酬………………………… 52, 71	
前のブロックのハッシュ …………………… 76	
無限遠点………………………………… 255	

や行

有限体 ……………………………… 256

ら行

離散対数問題（DLP）…………………… 260

著者・監修プロフィール

著者：明松 真司（あけまつ・しんじ）

株式会社PolarTech（http://polartech.jp/ ）代表として、地方からの最先端DX人材育成を行う。全国各地でAI、ブロックチェーン、プログラミング、数学などの基礎講座、書籍の執筆などを行う。滋慶学園COMグループ名誉教育顧問、高専入試/高専のための学習塾「ナレッジスター」創業者。著書に『線形空間論入門』（プレアデス入門）、『Pythonで超らくらくに数学をこなす本』（オーム社）、『徹底攻略ディープラーニングG検定ジェネラリスト問題集 第2版』（インプレス）、『1週間でLaTeXの基礎が学べる本』（インプレス）などがある。

監修：佐藤 研一朗（さとう・けんいちろう）

仙台生まれ。円ポイント株式会社（http://yenpoint.jp/）創業者。連続起業家として、20年以上にわたり日本とアメリカで数多くのビジネスを立ち上げる実績を持つ。リバタリアニズムや自由経済学を基礎としたオーストリア学派の思想を学び、アメリカではブロックチェーンのマイニング事業を創業したことをきっかけにブロックチェーン業界に参入。

2019年に日本へ帰国後、円ポイント株式会社を設立。以来、ブロックチェーン技術のスケーリングに関する最先端の研究・開発を推進するとともに、教育活動にも注力している。具体的には、マイクロペイメントを可能にする「Yenpointウォレット」の開発、トークン検証技術に関する国際特許の出願、大学研究室との共同研究、さらにセミナーや講演を通じた業界の啓蒙活動を行うなど、多岐にわたる取り組みを展開している。また、Bitcoin SVの親善大使としても活躍し、ブロックチェーンの可能性を広めるために国内外で貢献を続けている。

スタッフリスト

編集	藤井 恵（リブロワークス）
	畑中 二四
表紙デザイン	阿部 修（G-Co.inc.）
表紙イラスト	神林 美生
表紙制作	鈴木 薫
本文デザイン	リブロワークス・デザイン室
DTP	関口 忠、リブロワークス・デザイン室
編集長	玉巻 秀雄

■本書のご感想をぜひお寄せください
https://book.impress.co.jp/books/1123101153

読者登録サービス CLUB impress
アンケート回答者の中から、抽選で図書カード（1,000円分）などを毎月プレゼント。
当選者の発表は賞品の発送をもって代えさせていただきます。
※プレゼントの賞品は変更になる場合があります。

■商品に関するお問い合わせ先

このたびは弊社商品をご購入いただきありがとうございます。本書の内容などに関するお問い合わせは、下記のURLまたは二次元バーコードにある問い合わせフォームからお送りください。

https://book.impress.co.jp/info/

上記フォームがご利用いただけない場合のメールでの問い合わせ先
info@impress.co.jp

※お問い合わせの際は、書名、ISBN、お名前、お電話番号、メールアドレス に加えて、「該当するページ」「具体的なご質問内容」「お使いの動作環境」を必ずご明記ください。なお、本書の範囲を超えるご質問にはお答えできないのでご了承ください。

● 電話やFAX でのご質問には対応しておりません。また、封書でのお問い合わせは回答までに日数をいただく場合があります。あらかじめご了承ください。
● インプレスブックスの本書情報ページ https://book.impress.co.jp/books/1123101153 では、本書のサポート情報や正誤表・訂正情報などを提供しています。あわせてご確認ください。
● 本書の奥付に記載されている初版発行日から3年が経過した場合、もしくは本書で紹介している製品やサービスについて提供会社によるサポートが終了した場合はご質問にお答えできない場合があります。

■落丁・乱丁本などの問い合わせ先
FAX　03-6837-5023
電子メール　service@impress.co.jp
※古書店で購入された商品はお取り替えできません

1週間でブロックチェーンの基礎が学べる本

2025年3月11日　初版発行

著　者　明松 真司
監　修　佐藤 研一朗
発行人　高橋 隆志
編集人　藤井 貴志
発行所　株式会社インプレス
　　　　〒101-0051 東京都千代田区神田神保町一丁目105番地
　　　　ホームページ　https://book.impress.co.jp/

本書は著作権法上の保護を受けています。本書の一部あるいは全部について（ソフトウェア及びプログラムを含む）、株式会社インプレスから文書による許諾を得ずに、いかなる方法においても無断で複写、複製することは禁じられています。

Copyright©2025 Shinji Akematsu. All rights reserved.

印刷所　日経印刷株式会社

ISBN978-4-295-02134-6　C3055

Printed in Japan